工业机器人专业人才"十三五"规划教材

PLC 与工业机器人应用

邵　欣　李云龙　檀盼龙　编著
张方杰　主审

北京航空航天大学出版社

内容简介

本书以智能制造生产实训开发平台——智能制造生产线为对象，分基础篇、提高篇、应用篇三部分，共 9 个项目、26 个任务。本书编写从实际出发，针对智能制造生产线中的主要部件 PLC 控制器与工业机器人的应用，从 PLC 的硬件安装与组态、PLC 与变频器的调速控制、PLC 与伺服驱动器的定位控制、PLC 的网络通信、ABB 工业机器人的搬运与焊接控制等方面，通过智能制造生产线的实际应用，由浅入深，使读者详细了解每个任务的完成要点，掌握 PLC 与工业机器人的应用。为了便于广大教师开展教学工作，本书配有教学多媒体课件，读者可以发送邮件至 goodtextbook@126.com 索取。

全书深入浅出，贴近实际应用，可以作为应用型本科教学用书和高职高专院校机电一体化技术、工业机器人技术以及电气自动化技术等相关专业的教材，也可以作为智能制造生产线培训与使用的指导用书或供相关专业技术人员参考使用。

图书在版编目(CIP)数据

PLC 与工业机器人应用 / 邵欣，李云龙，檀盼龙编著．－－北京：北京航空航天大学出版社，2017.7
 ISBN 978－7－5124－2483－8

Ⅰ．①P… Ⅱ．①邵… ②李… ③檀… Ⅲ．①PLC 技术－高等职业教育－教材②工业机器人－高等职业学校－教材 Ⅳ．①TM571.61②TP242.2

中国版本图书馆 CIP 数据核字(2017)第 185154 号

版权所有，侵权必究。

PLC 与工业机器人应用

邵 欣 李云龙 檀盼龙 编著

张方杰 主审

责任编辑 蔡 喆 李丽嘉

*

北京航空航天大学出版社出版发行

北京市海淀区学院路 37 号(邮编 100191)　http://www.buaapress.com.cn
发行部电话：(010)82317024　传真：(010)82328026
读者信箱：goodtextbook@126.com　邮购电话：(010)82316936
北京兴华昌盛印刷有限公司印装　各地书店经销

*

开本：787×1 092　1/16　印张：18　字数：461 千字
2017 年 8 月第 1 版　2017 年 8 月第 1 次印刷　印数：3 000 册
ISBN 978－7－5124－2483－8　　定价：39.00 元

若本书有倒页、脱页、缺页等印装质量问题，请与本社发行部联系调换。联系电话：(010)82317024

前　言

　　工业机器人是集机械技术、电子技术、控制技术、计算机技术、传感器技术、人工智能等多学科先进技术于一体的重要的现代制造业自动化装备,对国民经济和国家安全具有重要的战略意义,具有广阔的应用前景和市场,在汽车、电子、石化、自动化等工业领域已得到了广泛的应用。PLC 作为工业自动化领域最常用的控制器,通常用来与工业机器人配合共同完成特定的生产控制任务。PLC 与工业机器人是智能制造自动生产线中主要的控制设备和自动化装备,结合智能视觉检测系统、人机界面交互系统、工具快换系统可快速的实现不同的工业生产任务,为智能制造、个性化生产打下了一个良好的基础。

　　本书在编写过程中,充分考虑不同层次人员的用书需求,将内容分为基础篇、提高篇、应用篇三部分。基础篇共有三个项目,从 PLC 的硬件选型与安装到 PLC 的基本逻辑控制项目,再到工业机器人的基本认识与使用项目,着重展示了如何在一个生产任务中选择 PLC 完成相应的逻辑控制功能,以及如何通过示教器快速完成工业机器人的操纵。提高篇也有三个项目,分别是 PLC 通过变频器完成普通三相异步电机的调速控制项目、PLC 控制伺服驱动器完成伺服电机的定位控制项目以及 PLC 的现场总线通讯项目,三个项目均为现代工业生产控制设备中常用到的技术。应用篇以北京赛佰特科技有限公司生产的智能制造生产实训开发平台为载体,着重展示 PLC 与工业机器人在智能制造生产线中的应用情况。全书内容以注重实际应用为原则,让学生通过本书设计的实训任务的练习,逐渐掌握 PLC 与工业机器人的应用。

　　本书的编写严格遵循行业标准与职业规范,按照技术技能人才培养的规律,以实训任务为引领,通过做学结合的方式,由浅入深地引导学生完成实训任务,通过实训掌握 PLC 与工业机器人的使用,为培养"强基础、善应用、勇创新"的高素质电气、自动化、机器人技术人才服务。本书由教学经验丰富的一线高校教师和企业专家共同策划编写,兼顾日常教学与技术培训,力求使本书内容贴近工业生产实际,提高学习者的实践技术应用能力,丰富学习者的实践知识,拓宽工程实践视野。

　　本书由天津中德应用技术大学邵欣博士(副教授)、李云龙、檀盼龙、马晓明、王峰共同编著,北京赛佰特科技有限公司副总经理张方杰担任主审、唐冬冬高级工程师协助校稿。参编人员具体负责的章节如下:天津中德应用技术大学邵欣(项目一、项目二和项目七,约 12 万字)、檀盼龙(项目三,约 6 万字)、李云龙(项目四、项目五、项目八,约 12 万字)、马晓明(项目六,约 6 万字)、王峰(项目九,约 4 万字)。本科生高杰、曹彬彬等同学协助完成了相关图纸的绘制等工作。

　　编纂期间,作者参考了同类专业书籍和文献资料,并且获得了北京赛佰特科技有限公司的大力支持,编写人员在此对文献作者和技术人员表示真诚感谢!

　　由于作者水平有限,书中如有疏漏,万望广大读者朋友斧正指点,可以将建议与意见发送邮件至 shaoxinme@126.com。

编　者
2017 年 6 月

目　　录

基础篇

项目一　PLC 硬件安装与组态 ·· 1

 任务一　S7-300CPU 与电源模块认识 ······························ 4
  一、PLC 的组成 ·· 4
  二、PLC 的工作原理 ·· 6
  三、电源模块的认识 ·· 7
 任务二　数字量模块选择与安装 ·· 12
  一、数字量输入模块 ·· 12
  二、数字量输出模块 ·· 14
  三、硬件安装 ·· 16
  四、硬件组态 ·· 18
 任务三　模拟量模块选择与安装 ·· 19
  一、模拟量输入模块 ·· 19
  二、模拟量输出模块 ·· 22
  三、模拟量输入/输出模块的地址 ······································ 23
  四、模块硬件安装 ·· 24
  五、硬件组态 ·· 25

项目二　电动机的 PLC 基本控制编程应用 ···························· 30

 任务一　软件安装与项目创建 ·· 30
  一、认识编程软件 STEP 7 和仿真软件 PLCSIM ······················ 30
  二、对计算机的要求 ·· 31
  三、编程软件的安装 ·· 32
 任务二　PLC 控制异步电动机可逆连续运行 ·························· 39
  一、PLC 的编程语言 ·· 39
  二、PLC 编程指令基础 ·· 41
  三、电气原理图绘制 ·· 51
  四、I/O 分配 ·· 51
  五、程序编写 ·· 53
  六、仿真调试运行 ·· 54
 任务三　PLC 控制电动机星-角启动 ···································· 55
  一、原理图设计 ·· 64
  二、I/O 分配表 ·· 64

三、程序设计 ………………………………………………………………………… 65
　　四、仿真运行 ………………………………………………………………………… 65
项目三　工业机器人基本认识与使用 ……………………………………………………… 70
　任务一　ABB工业机器人分类与应用 ……………………………………………………… 70
　　一、ABB公司简介 …………………………………………………………………… 70
　　二、ABB机器人的中国化历程 ……………………………………………………… 71
　　三、ABB工业机器人家族 …………………………………………………………… 71
　任务二　工业机器人结构与主要参数 ……………………………………………………… 78
　　一、机械部分 ………………………………………………………………………… 78
　　二、控制部分 ………………………………………………………………………… 82
　　三、传感部分 ………………………………………………………………………… 83
　　四、工业机器人的主要参数 ………………………………………………………… 83
　任务三　认识ABB工业机器人示教器 …………………………………………………… 85
　　一、示教器的硬件结构 ……………………………………………………………… 86
　　二、示教器的软件操作 ……………………………………………………………… 88
　任务四　工业机器人基本操纵 …………………………………………………………… 91
　　一、手动操纵 ………………………………………………………………………… 94
　　二、自动运行 ………………………………………………………………………… 97

提高篇

项目四　PLC控制异步电机变频调速运行 …………………………………………… 103
　任务一　认识变频调速控制系统 ………………………………………………………… 103
　　一、变频调速原理 …………………………………………………………………… 103
　　二、变频器的构成及控制方法 ……………………………………………………… 106
　任务二　变频器的基本使用 ……………………………………………………………… 113
　　一、变频器接线 ……………………………………………………………………… 113
　　二、变频器操作 ……………………………………………………………………… 114
　任务三　PLC控制变频器实现电机调速运行 ………………………………………… 120
　　一、MM440变频器的数字输入端口 ……………………………………………… 120
　　二、数字输入端口功能 ……………………………………………………………… 120
　　三、MM440变频器的多段速控制功能及参数设置 ……………………………… 121
项目五　PLC控制伺服电机的运行 ……………………………………………………… 128
　任务一　认识伺服运动控制系统 ………………………………………………………… 128
　　一、伺服运动控制系统组成 ………………………………………………………… 128
　　二、伺服系统的基本要求 …………………………………………………………… 129
　　三、伺服系统的分类 ………………………………………………………………… 130
　　四、影响伺服系统性能的因素 ……………………………………………………… 133
　　五、伺服系统的应用 ………………………………………………………………… 135

任务二　伺服驱动器的基本使用 137
　　　一、伺服电动机 138
　　　二、伺服驱动器 141
　　任务三　PLC控制伺服电机的定位运动 148
　　　一、接口引脚分配 148
　　　二、高速脉冲输入 149
　　　三、高速脉冲输出 157
　　　四、硬件设计 162
　　　五、程序设计 163

项目六　PLC通信技术应用 166
　　任务一　认识Profibus总线 169
　　　一、概述 170
　　　二、Profibus协议结构 170
　　　三、Profibus的技术特点 170
　　　四、Profibus总线在自动化系统中的位置 171
　　　五、Profibus控制系统组成 172
　　　六、Profibus控制系统配置的几种形式 173
　　　七、应用Profibus构建自动化控制系统应考虑的几个问题 174
　　任务二　工业以太网PROFINET 176
　　　一、工业以太网的提出及发展 176
　　　二、PROFINET概述 176
　　　三、PROFINET的拓扑结构 178
　　　四、PROFINET的通信 178
　　任务三　PLC通过Profibus与分布式IO通信 180
　　　一、硬件介绍 181
　　　二、硬件组态 181
　　　三、程序编写 189
　　　四、下载程序 190

应用篇

项目七　认识智能制造技术创新与应用开发平台 197
　　任务一　智能制造技术创新与应用开发平台的组成 197
　　任务二　智能制造技术创新与应用开发平台的工作过程 206

项目八　供料、输送、入库单元应用 212
　　任务一　供料单元的调试运行 212
　　　一、元件上料单元 212
　　　二、托盘上料单元 216
　　　三、PLC控制接线图 217

任务二　自动输送线的调试运行 …………………………………………………… 218
　　　　一、直流调速驱动系统 ………………………………………………………… 218
　　　　二、输送线上视觉检测 ………………………………………………………… 224
　　　　三、末端阻挡气缸 ……………………………………………………………… 229
　　　　四、PLC 控制 I/O 分配 ………………………………………………………… 229
　　任务三　入库单元的调试运行 …………………………………………………… 231
　　　　一、变频器与 PLC 的连接 ……………………………………………………… 231
　　　　二、变频器的参数设置 ………………………………………………………… 232
　　　　三、入库过程 …………………………………………………………………… 233

项目九　装配与焊接单元应用 …………………………………………………………… 238
　　任务一　自动装配单元调试运行 ………………………………………………… 238
　　　　一、装配台硬件组成 …………………………………………………………… 238
　　　　二、装配台 I/O 信号分配 ……………………………………………………… 241
　　　　三、工业机器人装配过程 ……………………………………………………… 242
　　任务二　焊接单元调试运行 ……………………………………………………… 245
　　　　一、焊接台组成 ………………………………………………………………… 245
　　　　二、伺服系统接线 ……………………………………………………………… 245
　　　　三、焊接模拟运行过程 ………………………………………………………… 246

附录　智能制造技术创新与应用开发平台电气设计原理图 …………………………… 253

基础篇

项目一　PLC 硬件安装与组态

　　SIMATIC S7-300 系列属于西门子中型 PLC,是一种标准模块式结构化的 PLC,各模块相互独立、均安装在固定导轨上,构成一套完整的 PLC 应用系统。其具有多种 CPU 模块、信号模块、功能模块,可以满足多种场合的自动化控制系统应用任务。用户可根据控制任务要求选取模块,维修时更换模块也十分便捷。

　　标准型 S7-300 PLC 系统的硬件组成包含有以下模块:电源模块、CPU 模块、接口模块、信号模块、功能模块、通信模块。S7-300 系列 PLC 系统的组成示意图如图 1-1 所示。实际的 PLC 系统实物图如图 1-2 所示。

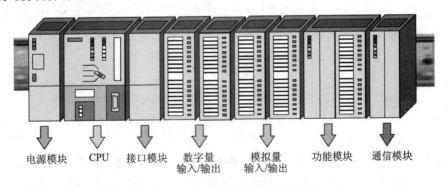

图 1-1　PLC 系统硬件组成结构图

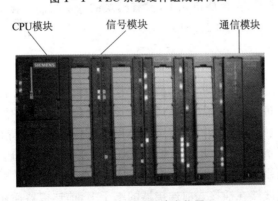

图 1-2　PLC 系统实物图

1. 电源模块

电源模块的作用是将外接 220 V 交流电源转换成直流 24 V 电压,供给 CPU 等其他模块使用。选取电源模块时,要根据系统模块数量选择合适功率的电源模块,电源的额定电流有 2 A、5 A、10 A 三种类型,用户根据负载大小选择。

2. CPU 模块

S7-300 系列 PLC 的 CPU 类型可分为:标准型、紧凑型、故障安全型、运动型。

标准型 CPU 的型号有 CPU312、CPU314、CPU315-2 DP、CPU315-2 PN/DP、CPU317-2 DP、CPU317-2 PN/DP 等。标准型 CPU 未集成 I/O 接口,DP 指该款 CPU 具有 Profibus-DP 口,PN 是指该款 CPU 具有 Profinet 以太网接口。CPU 的存储器大小从 312~319 依次增大,均需直流 24 V 电源供电,运行时需要安装微型存储器卡。紧凑型的 PLC 名称末尾带有字母 C,如 CPU 312C、CPU 313C、CPU 314C、CPU 314C-2DP、CPU 314C-2PN/DP 等。

紧凑型 CPU 均集成了数字量或模拟量的输入/输出模块,自身具备了一定量的 I/O 点数,还可以扩展 I/O 模块使用。

故障安全型 CPU 名称末尾带有字母 F,如 CPU315F-2 DP、CPU 317F-2 DP、CPU 315F-2 PN/DP、CPU 317F-2 PN/DP 等。西门子故障安全型 PLC 可组态成一个故障安全型自动化系统,以提高安全运行的需要。"故障安全型"系统,是指系统本身或者相关附件在发生故障时可以使被控设备回到安全状态。

运动型 CPU 名称末尾还有 T 字母,例如 CPU315T-2 DP、CPU317T-2 DP 等。运动型 CPU 具有集成工艺/运动控制功能,可以直接连接西门子伺服 S120 或通过 IM174 连接第三方的步进和伺服驱动器,同时还具备液压轴控制,被广泛地应用于各种 OEM 设备中,能够实现精确定位、插补等复杂的运动控制功能。

3. 接口模块

S7-300 PLC 系统中,如果信号模块、通信模块等较多,一个机架安装不下时,则需要扩展机架,可以通过配置接口模块进行扩展。IM360、IM365 接口模块可以用来扩展机架,用于连接多层 SIMATICS7-300 配置中的机架。IM365 用于中央控制器,最多 1 个扩展单元,扩展单元中的模块使用有限制,例如没有 CP 通信模块或 FM 功能模块;IM360/IM 361 用于中央控制器,最多 3 个扩展单元,在扩展单元中,没有模块的选择限制。接口模块 IM153 可以用来扩展西门子的一款分布式 I/O ET200M。

4. 信号模块

输入/输出模块统称为信号模块,分为数字量模块和模拟量模块两大类。

输入信号模块主要负责接收现场设备或控制设备的信息,如锅炉的压力、温度和控制按钮的状态等,并进行信号电平的转换,然后将转换结果传送到 CPU,等待程序处理。

输出信号模块主要负责对 CPU 处理的结果进行电平转换并从 PLC 中向外输出,然后驱动现场的执行设备或控制设备,如电磁阀、电动机、按钮指示灯等。

信号模块的外部接线接在插接式前连接器的端子上,前连接器插在前盖板后面的凹槽内。

信号模块的型号主要有:数字量输入模块(DI)SM 321、数字量输出模块(DO)SM 322、数字量输入/输出模块(DI/DO)SM323、模拟量输入模块(AI)SM331、模拟量输出模块(AO)SM332、模拟量输入/输出模块(AI/AO)SM334。此外,对应故障安全应用系统还有故障安全型数字量输入模块、数字量输出模块、模拟量输入模块、模拟量输出模块 SM326。

5. 通信模块

通信模块简称 CP 模块,主要完成 CPU 的通信功能。当 CPU 自身所带的通信接口不能满足 PLC 与其他设备的通信需求时,则需要配置通信模块来扩展相应的通信接口。S7-300 系列 PLC 常用的通信模块主要包括:CP340、CP341、CP343-2、CP342-5、CP343-5、CP343-1等。CP340、CP341 可以完成点对点连接的串行通信,具有三种不同的型号,内置通信协议驱动程序,最大通信长度可达1 000 m。CP343-2 是用于连接 AS-Interface 的通信模块,其与 S7-300 的相连类似 I/O 模块,支持 AS-Interface 技术规范 V3.0 的指定功能,集成模拟量传输,连接最多 62 个 AS-Interface 从站。CP342-5 和 CP343-5 是用于 PROFIBUS 通信的模块,用于将 SIMATIC S7-300 和 SIMATIC C7 连接到 PROFIBUS 上,最大传输率可达12 Mb/s。CP343-1 用于将 SIMATIC S7-300 连接到工业以太网,也可作为 PROFINET I/O 设备。

6. 功能模块

功能模块负责实现 CPU 不能实现的特殊功能,如高速计数、定位控制或闭环控制等。S7-300 系列 PLC 的功能模块主要有:FM350-1、FM350-2、FM351、FM352、FM352-5、FM353、FM354、FM355、FM355-2、FM357-2、SM338 等。

FM350-1 是用于完成简单计数任务的单通道智能计数模块,可直接连接增量式编码器。

FM350-2 是用于进行通用计数和测量的 8 通道智能型计数器模块,可直接连接到 24 V 增量编码器、方向传感器、启动器或 NAMUR 编码器。

FM351 是用于快速进给/慢速驱动的双通道定位模块,每通道含 4 路数字量输出,并用于电机控制。

FM352 是极高速电子凸轮控制器,含 32 个凸轮轨迹,13 路内置数字量输出,用于动作的直接输出,可以低成本地替代机械式凸轮控制器。

FM352-5 是高速布尔处理器,可以进行快速的二进制控制以及提供最快速的开关处理。

FM353 是用于高速机械设备中步进电机控制的定位模块,可实现点到点定位任务以及复杂横动曲线。

FM354 是用于高速机械设备中伺服电机控制的定位模块,用于点到点定位任务以及复杂的运动模式。FM355 是含 4 通道的闭环控制模块,可以满足通用控制任务,可用于温度、压力、流量和物位控制。

FM355-2 是含有 4 通道的温度控制器模块,包括集成、易用的自适应温度控制,可实现加热、冷却以及加热冷却组合控制。

FM357-2 是定位模块,用于多达 4 轴的智能运动控制,可实现从独立的单轴定位到多轴插补路径控制,用于控制步进电机和伺服电机。SM338 是超声波位置探测模块。

任务一　S7-300CPU与电源模块认识

【任务描述】

本次任务的主要目的是理解 S7-300 PLC 的工作原理以及 CPU 的操作模式和电源模块的结构及使用，掌握在 Step 7 编程软件中完成电源及 CPU 的硬件组态。

【知识储备】

一、PLC 的组成

1. CPU 的功能

PLC 主要由 CPU 模块、输入模块、输出模块和编程装置等组成，PLC 应用系统的结构组成框图如图 1-3 所示。

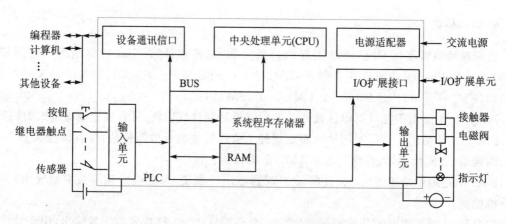

图 1-3　PLC 系统的结构组成框图

CPU 模块是整个 PLC 应用系统的大脑和心脏，是控制中枢，其性能决定了 PLC 控制系统的整体性能。CPU 通过输入装置读入外设的状态，由用户程序去处理，并根据处理结果通过输出装置去控制外设。一般的中型可编程控制器多为双微处理器系统，一个是字处理器，它是主处理器，由它处理字节操作指令，控制系统总线，内部计数器，内部定时器，监视扫描时间，统一管理编程接口，同时协调位处理器及输入输出。另一个是位处理器，也称布尔处理器，它是从处理器，它的主要作用是处理位操作指令和在机器操作系统的管理下实现 PLC 编程语言向机器语言转换。

2. CPU 的性能指标

PLC 的性能指标是 PLC 控制系统应用选择 PLC 产品的重要依据。衡量 PLC 的性能指标可以分为硬件指标和软件指标两大类。硬件指标包括所需的环境温度与湿度、抗干扰能力、使用环境、输入特性和输出特性、用户程序存储量等。PLC 的工作环境要求一般是温度 0～55 ℃,湿度一般在 80 % 以下。最大 I/O 点数也是 PLC 系统的主要衡量指标之一。软件指标包括扫描速度、存储容量、指令功能及编程语言等。扫描速度是以 ms/K 字为单位表示,即每扫描 1 K 字的用户程序所需的时间,存储容量是指用户程序存储量,每种 CPU 的存储容量大小不一,用户可根据系统需求选择合适的 CPU。

3. PLC 的操作模式

(1) 模式选择开关

RUN-P:可编程运行模式。在此模式下,CPU 不仅可以执行用户程序,还可以通过编程设备(如装有 STEP 7 的 PG、装有 STEP 7 的计算机等)读出、修改、监控用户程序。

RUN:运行模式。在此模式下,CPU 在执行用户程序的同时可以通过编程设备读出、监控用户程序,但不能修改用户程序。

STOP:停机模式。在此模式下,CPU 不执行用户程序,但可以通过编程设备(如装有 STEP 7 的 PG、装有 STEP 7 的计算机等)从 CPU 中读出或修改用户程序。

MRES:存储器复位模式。该位置不能保持,当开关在此位置释放时将自动返回到 STOP 位置。将钥匙从 STOP 模式切换到 MRES 模式时,可复位存储器,使 CPU 回到初始状态。

(2) 状态及故障显示

SF(红色):系统出错/故障指示灯。当 CPU 硬件或软件出现错误时,指示灯亮。

BATF(红色):电池故障指示灯(只有 CPU313 和 CPU314 配备)。当电池失效或未装入时,指示灯亮。

DC5V(绿色):+5 V 电源指示灯。当 CPU 和 S7-300 总线的 5 V 电源正常时,指示灯亮。

FRCE(黄色):强制作业有效指示灯。当至少有一个 I/O 被强制状态时,指示灯亮。

RUN(绿色):运行状态指示灯。当 CPU 处于 RUN 状态时指示灯则亮;LED 在 Startup 状态以 2 Hz 频率闪烁;LED 在 HOLD 状态以 0.5 Hz 频率闪烁。

STOP(黄色):停止状态指示灯。CPU 处于 STOP、HOLD 或 Startup 状态时,指示灯亮;在存储器复位时,LED 以 0.5Hz 频率闪烁;在存储器置位时,LED 以 2Hz 频率闪烁。

BUS DF(BF)(红色):总线出错指示灯(只适用于带有 DP 接口的 CPU)。当总线出错时,指示灯亮。

SF DP:DP 接口错误指示灯(只适用于带有 DP 接口的 CPU)。当 DP 接口故障时,指示灯亮。

标准型 CPU314 外形图如图 1-4 所示。

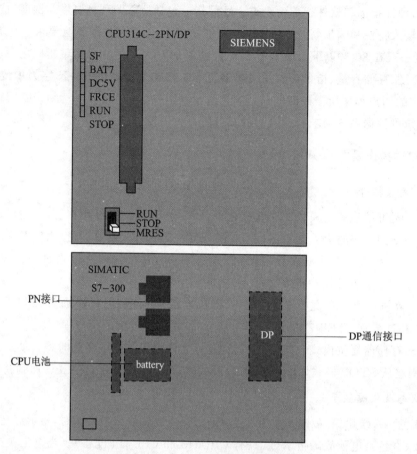

图 1-4　CPU 314 外形结构示意图

二、PLC 的工作原理

1. PLC 的工作过程

PLC 的运行方式不同于一般的微型计算机系统,它采用的是周期性循环处理的顺序扫描工作方式。PLC 的运行过程包括以下 4 个部分。

(1) 公共操作

公共操作是在每次扫描程序前进行的自检,当 PLC 得电并进入到 RUN 状态后,CPU 执行一次全启动操作,清除非保持位存储器、定时器和计数器,删除中断堆栈和块堆栈,复位所有的硬件中断和诊断中断,并执行一次系统启动组织块 OB100,完成用户指定的初始化操作。

(2) 数据 I/O 操作

数据 I/O 操作也称为 I/O 状态刷新。它包括两种操作:

① 采样输入信号,即输入刷新阶段,读取输入映像寄存器中的内容;

② 送出处理结果,即输出刷新阶段,用输出映像寄存器中的内容刷新输出电路。

（3）执行用户程序操作

根据 PLC 梯形图程序，按照从左至右，从上到下的步序对主循环组织块 OB1 中的程序进行逐句扫描，将从输入映像区和输出映像区中获得的数据进行运算、处理，再将程序运算的结果进行输出。

（4）处理外设请求操作

在程序执行阶段遇到外设的请求命令时，包括操作人员的介入和硬件设备的中断等，则暂停 OB1 组织块的执行，由操作系统调用其他与事件相关的组织块，当事件处理完毕后，再继续执行 OB1 中的程序。

2. PLC 的循环扫描

PLC 的 CPU 是采用分时操作的原理，每一时刻执行一个操作，随着时间的延伸，一个动作接一个动作顺序地进行，这种分时操作进程称为 CPU 对程序的扫描。PLC 的用户程序由若干条指令组成，指令在存储器中按序号顺序排列。CPU 从第一条指令开始，顺序逐条地执行用户程序，直到用户程序结束，然后返回第一条指令开始新一轮扫描。图 1-5 所示为 PLC 的循环扫描。

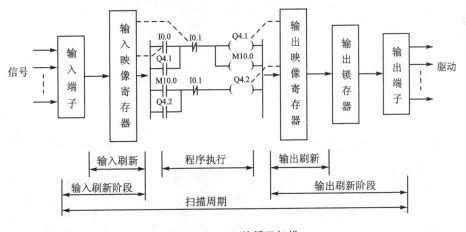

图 1-5　PLC 的循环扫描

三、电源模块的认识

PS307 是 PLC 系统专用的模块电源，SITOP 是通用的电源模块。PS307 主要针对 PLC300 和 ET200 等分布式从站的供电电源；而 SITOP 可以作为系统的供电电源，容量可以做得更大。PS307 的输入电压是 120 VAC/230 VAC，输出 DC24 V 电压；SITOP 电源的输入电压除 120 VAC/230 VAC，还有 120 VAC/500 VAC。PS307 电源模块的额定电流输出有 2 A、5 A、10 A 三种。电源模块安装在导轨上的插槽 1 上，紧靠在 CPU 或扩展机架 IM361 的左侧，用专用的电源连接器连接到 CPU 或 IM361 上。

PS307 5 A 电源外形示意图如图 1-6 所示。图中①为"24 VDC 输出电压工作"显示；②

为 24 VDC 输出电压接线端;③为固定装置;④为输入电源接线端和接地端子;⑤为 24 VDC 电源开关。

PS307 5 A 电源模块的原理框图如图 1-7 所示,模块的输入和输出之间有可靠的隔离,输出 DC 24 V 正常时,绿色 LED 指示灯亮;输出过载时,LED 指示灯闪烁;输出电流大于 7 A 时,电压跌落后自动恢复;输出短路时,输出电压消失,短路消失后电压自动恢复。电压模块除给 CPU 模块供电外,还可以给输入/输出模块提供 DC 24 V 电源。

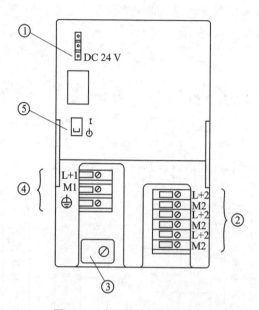

图 1-6 电源模块外形示意图

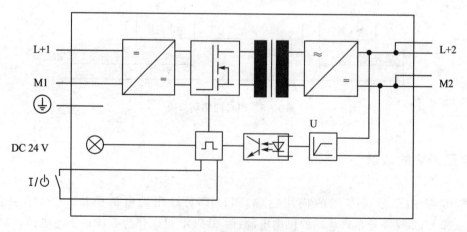

图 1-7 电源模块电路示意图

【任务实施】

本任务的任务书如表 1-1 所列。

项目一 PLC硬件安装与组态

表1-1 任务书

任务名称	S7-300CPU与电源模块认识				
班级		姓名		组别	
任务目标	① 掌握PLC的基本运行工作原理 ② 掌握CPU模块的安装方法 ③ 掌握电源模块的结构及安装方法 ④ 掌握CPU及电源的硬件组态方法				
任务内容	根据实训项目提供的CPU314C-2PN/DP模块和电源PS307 5A模块,查阅PLC硬件手册,根据任务要求将模块安装在网孔板上				
资料		工具		设备	
S7-300选型手册 S7-300模块数据设备手册 S7-300CPU 31xC和CPU31x技术规范		常用电工工具		CPU314C-2PN/DP模块 PS307 5A模块 网孔板	

1. 硬件安装

硬件安装步骤如表1-2所列。

表1-2 硬件安装步骤

序号	示意图	步骤说明
1		将西门子300系列PLC标准导轨,尺寸为480 mm,选用标准十字螺钉安装在网孔板上
2		将订货号为6ES7 307-1BA01-0AA0的电源模块PS307 5A上端挂在导轨上,移至最左侧位置

续表 1-2

序　号	示意图	步骤说明
3		用十字改锥将电源模块下部螺钉拧紧
4		将订货号为 314-6EH04-0AB0 的 S7-300 PLC CPU 模块-CPU314C-2PN/DP 上端挂在导轨上,移至贴近电源模块的位置
5		通过电源连接器将 DC24V 从电源模块引至 CPU 模块接线端

CPU314C-2PN/DP 模块属于紧凑型 CPU,其集成了模拟量输入/输出接口和数字量输入/输出接口,其集成了 24 路数字量输入、16 路数字量输出、5 路模拟量输入通道、2 路模拟量输出通道。内置工作存储器 192 KB,支持最大扩展存储器为 8 MB,自带 2 个 PN 接口以及 DP 接口,支持定位控制功能及 PID 控制器,最大支持高达 2.5 kHz 的脉冲输出。

2. STEP 7 硬件组态

硬件组态是指在编程软件 STEP-7 中的硬件组态工具 HW Config 界面下完成 PLC 应用系统的硬件配置及参数设置。硬件组态的任务就是在软件中生成与实际硬件系统完全一致的系统,各模块的型号与订货号和固件版本应一致。此外硬件组态还包括生成网络、设置网络节点及设置其他硬件组成部分的参数。STEP7 硬件组态的具体步骤见表 1-3。

表 1-3 STEP7 硬件组态步骤

序号	示意图	步骤说明
1		新建完项目后,在项目树下单击选择插入"SIMATIC 300 站点",在出现硬件组态图标后,双击打开,在硬件组态界面,选择 RACK-300 文件夹下,Rail 为导轨
2		在导轨的第二号槽插入 CPU 314C-2PN/DP,订货号为 6ES7 314-6EH04-0AB0;该款 CPU 为紧凑型 CPU,具有 2 个 PN 口和 1 个 DP 口,集成了数字量输入/输出模块,和模拟量输入/输出模块

续表 1-3

序号	示意图	步骤说明
3	(0) UR 1　PS 307 5A 2　CPU 314C-2 PN/DP X1　MPI/DP X2　PN-IO X2 P1 R　Port 1 X2 P2 R　Port 2 2.5　DI24/DO16 2.6　AI5/AO2 2.7　Count 2.8　Position 3 4	电源和 CPU 组态完毕

任务二　数字量模块选择与安装

【任务描述】

PLC 系统中的输入/输出模块统称为信号模块(SM),包括数字量和模拟量两大类。此次任务的目标是选择 PLC 系统中的数字量输入输出模块,掌握模块的工作过程及安装使用。

【知识储备】

S7-300 系列 PLC 的数字量 I/O 模块有多种型号,具体是数字量输入模块 SM321、数字量输出模块 SM322 及数字量输入/输出模块 SM323。S7-300 输入/输出模块的外部接线接在插接式的前连接器的接线端子上,前连接器插在前盖板后面的凹槽内。更换模块不需要断开前连接器上的外部连线,只需拆下前连接器,将它插到新的模块上,这样节省了大量的接线时间。模块面板上的 SF LED 指示灯用于显示故障和错误信息,数字量输入/输出模块面板上的 LED 灯用来显示各数字量输入/输出点的信号状态,前面板上插入有纸质标签,用以标记输入变量。信号模块均安装在 DIN 标准导轨上,并通过总线连接器与相邻模块连接。信号模块各个通道的默认地址由所在插槽的位置决定,也可以在编程软件 STEP 7 中进行修改。

一、数字量输入模块

1. 数字量输入模块分类

数字量输入模块用于连接外部的机械触点和电子数字式传感器,如光电开关和接近开关等。数字量输入模块将来自现场的外部数字量信号电平转换成 PLC 内部的信号电平,输入电流一般为毫安级别。输入模块按照外接电源种类的不同分为直流输入模块和交流输入模块。

(1) 直流输入模块

图 1-8 所示为订货号 6ES7 321-BL00-0AA0 的 SM321 数字量输入模块的模块外观及接线示意图,本模块共计有 32 路数字量输入,M 端是同一组输入电路的公共点。当输入电路的触点接通时,24 V 电源信号进入光电耦合器,发光二极管点亮,光敏三极管饱和导通;当输

入电路的触点断开时,光电耦合器中的发光二极管熄灭,光敏三极管截止,外部电路的输入状态经过背板总线接口传送至CPU模块中。

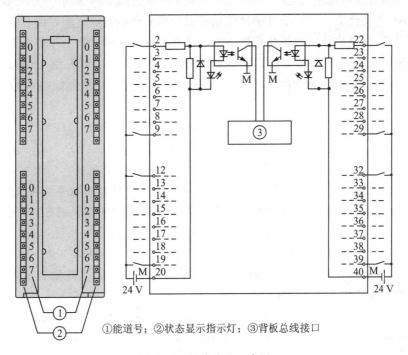

①能道号;②状态显示指示灯;③背板总线接口

图1-8 接线外观示意图

直流输入电路的输入延迟时间较短,可以直接和接近开关、光电开关相连接,DC24 V信号属于安全电压范围,如果信号线不是很长且PLC所处的环境较好,应优先考虑选用DC24 V的输入模块。交流输入模块多在有油雾、粉尘较大等恶劣环境中使用。

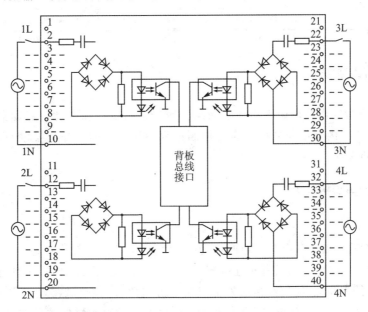

图1-9 交流输入模块的接线示意图

(2) 交流输入模块

交流输入模块的额定输入电压为 AC120 V 或 230 V。图 1-9 所示为订货号 6ES7 321-1EL00-0AA0 的交流输入模块的外部接线示意图。图中用电容隔离输入信号中的直流成分,用电阻进行限流,交流成分通过桥式整流电路转换成直流电流信号。当外部触点接通时,光电耦合器中的发光二极管点亮,光敏三极管饱和导通;当输入电路的触点断开时,光电耦合器中的发光二极管熄灭,光敏三极管截止,外部电路的输入状态经过背板总线接口传送至 CPU 模块中。

2. 输入模块地址确定

数字量的 I/O 地址由地址标识符、地址的字节部分和位部分组成。一个字节有 0~7 这 8 位组成。地址标识符 I 表示输入,Q 表示输出,M 表示内部存储器。数字量输入模块的地址由其所在插槽的位置决定,每个插槽预留 4 个字节的地址供模块使用。例如:32 点数字量输入模块 SM321,如果其安装在第四号槽中,地址为 I0.0~I0.7;I1.0~I1.7;I2.0~I2.7;I3.0~I3.7。依次类推,如表 1-4 所列。如果在第五号槽,其地址变为 I4.0~I4.7;I5.0~I5.7;I6.0~I6.7;I7.0~I7.7。需要注意的是如果是 16 点数字量输入模块,则按照其实际需要的地址量分配,剩余的地址空间不延续到下一个插槽中。

表 1-4 数字量输入模块地址分配表

机架	模板起始地址	槽 号									
		1	2	3	4	5	6	7	8	9	10	11
0	数字量	PS	CPU	IM	0~3	4~7	8~11	12~15	16~19	20~23	24~27	28~31
1	数字量			IM	32~35	36~39	40~43	44~47	48~51	52~55	56~59	60~63
2	数字量			IM	64~67	68~71	72~75	76~79	80~83	84~87	88~91	92~95
3	数字量			IM	96~99	100~103	104~107	108~111	112~115	116~119	120~123	124~127

二、数字量输出模块

SM322 数字量输出模块用于驱动电磁阀、接触器、指示灯和电动机启动器等负载。数字量输出模块将 CPU 内部信号电平转换为控制过程中所需要的外部信号电平,同时兼具有隔离和功率放大的作用。

1. 数字量输出模块分类

(1) 继电器输出型

继电器型的输出模块其电路示意图如图 1-10 所示,当某一输出位地址为 1 时,即梯形图程序中的输出线圈"通电",通过背板连接器的总线接口和光电耦合器,使模块中对应的微型继电器线圈通电,其常开触点闭合,接通外部负责电源电路,外接负载得电工作。当输出点为 0 时,即梯形图程序中的输出线圈"断电",则输出模块对应的微型继电器的线圈也断电,其常开触点断开,外部负载与电源断开,负载停止工作。继电器型输出模块的负载电压范围宽,导通压降小,承受瞬时过电压和瞬时过电流的能力较强,但是动作速度慢,通断次数也有一定的限制,使用寿命有限,通常用于输出变化不是太频繁的应用场合,其属于交直流两用输出模块。从安全隔离效果方面及应用灵活度来看,继电器触点输出模块最佳。

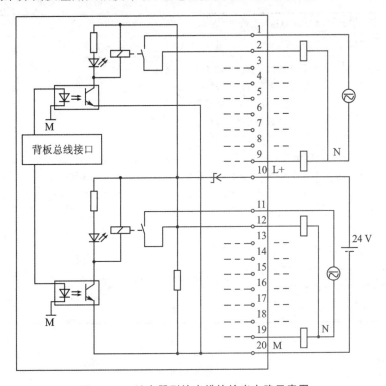

图 1-10　继电器型输出模块输出电路示意图

(2) 晶体管输出型

晶体管型输出模块(见图 1-11)只能驱动直流负载,其输出信号经过光电耦合器送给输出元件。梯形图程序的线圈"通电",则光电耦合器中发光二极管点亮,三极管饱和导通,对应的输出电路接通电源,输出负载工作。梯形图程序的线圈"断电",则光电耦合器中发光二极管熄灭,三极管截止,对应的输出电路断开,输出负载停止工作。晶体管型输出模块的相应速度较快,可靠性高,寿命较长,但是过载能力较差,在选择输出模块时应充分根据实际输出负载类型来选择,充分考虑负载电压的大小、工作频率,此外还应注意每一组的最大输出电流。

2. 输出模块地址

数字量输出模块地址同输出模块,只是标识符不同。例如,32 点数字量输出模块 SM322 模块,如果其安装在第四号槽中,地址为 Q0.0～Q3.7。依次类推,如果在第五号槽,其地址变为 Q4.0～Q7.7。需要注意的是,若为 16 点数字量输出模块,则按照其实际需要的地址量分配,剩余的地址空间不延续到下一个插槽中。

【任务实施】

本任务的任务书如表1-5所列。

表1-5 任务书

任务名称	数字量模块的选择与安装				
班级		姓名		组别	
任务目标	① 掌握数字量模块的地址分配原则 ② 掌握数字量输入/输出模块的接线方式 ③ 掌握模块及前连接器的安装方法 ④ 掌握数字量模块硬件组态方法				
任务内容	根据实训项目提供的数字量输入/输出模块查阅PLC硬件手册,根据任务要求将模块安装在网孔板上,并将外部输入、输出正确连接至数量模块上,并且能够根据外部传感器的不同,正确的对数字量模块进行选型				
资料		工具		设备	
S7-300 选型手册 S7-300 模块数据设备手册 S7-300CPU 31xC 和 CPU 31x 技术规范		常用电工工具		CPU模块 电源模块 网孔板	

三、硬件安装

1. 数字量模块安装

数字量模块安装的步骤如表1-6所列。

表1-6 数字量模块安装步骤

序号	示意图	步骤说明
1	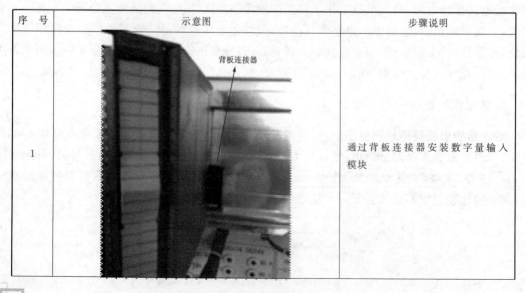 背板连接器	通过背板连接器安装数字量输入模块

续表 1-6

序　号	示意图	步骤说明
2		拧紧下部紧固螺钉

2. 前连接器接线

前连接器接线的步骤如表 1-7 所列。

表 1-7　前连接器接线步骤

序　号	示意图	步骤说明
1		将前连接器插针接口对准
2		用十字改锥将前连接器中央固定螺钉拧紧

四、硬件组态

如果硬件系统中含有数字量输入/输出模块,在编程之前还需对系统的信号模块进行硬件组态,在组态过程中,对系统的 I/O 地址可以重新分配,更改其默认值,以实际需要进行变更,具体步骤如表 1-8 所列。

表 1-8 组态过程中的 I/O 地址分配与默认值

序 号	示意图	步骤说明
1		在硬件元件库中选择信号模块 SM 321 DI32 * DC24v
2		在硬件元件库中选择信号模块 SM 322 DO32 * DC24v
3		在数字量输入模块上右击选择属性,切换为地址标签页面,可以更改本模块的输入地址

续表 1-8

序号	示意图	步骤说明
4	(组态表格截图：插槽、模块、订货号、固件、MPI地址、I地址、Q地址、注释等内容，包含 CPU 314C-2 PN/DP、MPI/DP、PN-IO、Port 1、Port 2、DI24/DO16、AI5/AO2、Count、Position、DI32×DC24V、DO32×DC24V/0.5A、CP 340-RS232C 等)	系统组态完毕

任务三　模拟量模块选择与安装

【任务描述】

生产过程中有大量而连续变化的模拟量需要 PLC 来进行测量和处理，比如温度、压力、流量、频率等。本次任务介绍模拟量模板与传感器、负载及执行装置之间连接的方法。模拟量模块分为模拟量输入模块 SM331、模拟量输出模块 SM332 以及模拟量输入/输出模块 SM334。S7-300 模拟量模块的输入测量范围很广，可以直接输入电压、电流、电阻及热电偶等信号。S7-300 模拟量输出模块可以输出 0～10 V、1～5 V、0～20 mA、4～20 mA 等模拟量信号。被测值的精度可以调整，取决于模拟量模板的性能和它的设定参数。

【知识储备】

一、模拟量输入模块

在生产过程中存在着大量物理量，如温度、压力、流量、液位、速度、pH 值、黏度等。对这些物理量的控制过程如下：首先需要经过传感器将物理量变换为电量，如可以转换为电压、电流、电阻、电荷等信号，然后经测量变送器将测量到的结果电量转换成标准的模拟量电信号，如±500 mV、±10 V、±20 mA、4～20 mA 等，最后再将标准的模拟量电信号送入模拟量输入模块（AI 模块）进行 A/D 转换，变换成 CPU 所能接收的二进制电平信号并送入 CPU 进行存储和数据处理。PLC 系统所配的模拟量输入模块用于将模拟量信号转换为 CPU 内部处理用的数字信号，SM331 系列模块是 S7 系列 PLC 常用的模拟量输入模块。

1. 模拟量输入模块结构及接线

模拟量输入模块由多路转换器、A/D 转换器、光电隔离元件、内部电源和逻辑电路组成。各模拟量通道共用一个 A/D 转换器，多路转换器可以切换模拟量输入通道，模拟量输入模块各输入通道的 A/D 转换过程和转换结果的存储与传送是顺序进行的。

图 1-12 所示为订货号 331-1KF01-0AB0 的 SM331 模拟量输入模块的内部结构及接线示意图，其内含 8 路输入通道，每个通道具有 13 位分辨率。图中 CH4 通道连接的是电压

型传感器,CH5 通道连接的是电流型传感器,CH6 通道连接的是毫伏级电压型传感器信号,CH7 通道连接的是三线式热电偶传感器。在使用模拟量输入模块时,根据测量方法不同,可以将电压、电流或电阻等不同类型的传感器连接到模拟量输入模块。为了减少电子干扰,对于模拟信号应使用屏蔽双绞电缆。模拟信号电缆的屏蔽层应该两端接地,如果电缆两端存在电位差,将会在屏蔽层中产生等电势耦合电流,造成对模拟信号的干扰,在这种情况下,应该让电缆的屏蔽层一点接地。

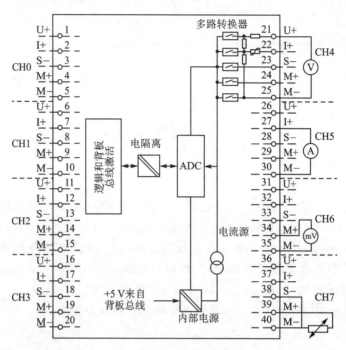

图 1-12　SM331 AI8 * 13Bit 模板的接线图

2. 模拟量输入模块的工作过程

　　SM331 的转换时间包括由积分决定的基本转换时间和用于电阻测量、断线监视的附加转换时间。对应上述 4 种积分时间的基本转换时间为 3 ms、17 ms、22 ms 和 102 ms,电阻测量的附加转换时间为 1 ms,断线监视的附加转换时间为 10ms,同时具备电阻测量和断线监视的附加转换时间为 16 ms。

　　SM331 的 8 个模拟量输入通道共用一个积分式 A-D 转换部件,即通过模拟量切换开关,各输入通道按顺序一个接一个地转换。某一通道从开始转换模拟量输入值起,一直持续到再次开始转换的时间称为输入模板的循环时间,它是模板中所有输入模拟量输入通道的转换时间总和。实际上,循环时间是对外部模拟量信号的采样间隔。为了缩短循环时间,应该使用 STEP 7 组态工具屏蔽掉不用的模拟量通道,使其不循环时间。对于一个积分时间设定为 20 ms,8 个输入都接有外部信号、都需断电监视的 SM331 模板,其循环时间为 (22+10)×8 ms=256 ms。因此,对于采样时间要求更快一点的场合,应优先选用两个输入通道的 SM331 模板。

3. SM331 模板的参数设定

SM331 的参数设定分为四类：基本设置参数、限幅参数、诊断参数和测量参数。这些参数决定了 SM331 模板的工作模式。仅在 CPU 处于 STOP 状态下才能设置的参数称为静态参数，在 RUN 状态也能设置的参数称为动态参数。参数设置有两种方式，一种是在 STOP 状态下使用 STEP7 组态工具进行设置，另一种是在 RUN 状态下调用系统功能 SFC55～SFC57 中设置。使用 STEP7 组态工具设定时，应使 CPU 处于 STOP 状态，当 CPU 从 STOP 转换到 RUN 方式之后，CPU 将这些参数传送到各个模拟模板。设置对象是指该参数是以整个模板还是以通道组为一个单位进行设置。

可以使用 STEP 7 来决定是否输出诊断信息和输出哪些通道的诊断信息。在"诊断"参数块中，只有"允许的"才被执行。SM331 2×12 位输入模板只有一个带限幅监视的通道，即通道 0；SM331 8×12 位输入模板有两个带限幅监视的通道，即通道 0，通道 2。通过设置限幅参数块可以使其发挥作用。

4. SM331 的测量方法和测量范围

通过设置 SM331 的测量参数可以选择测量方法和测量范围（量程），但必须保证 SM311 的硬件结构与之适应，否则模板不能正常工作，并发出模板故障信号。模拟量模板都装有量程模块，调整量程模块的插入方向可改变模板的硬件结构。

SM331 每两个相邻的输入通道共用一个量程模块，构成一个通道组。SM331 2×12 位输入模块有 2 个输入通道，配一个量程模块，组成一个通道组；8×12 位输入模板有 8 个输入通道，配 4 个量程模块，分成 4 个通道组。量程模块是一个正方形的小块，在上方有 A、B、C、D 四个标记，当量程模块插入模板时，其中的一个标记与模板上的标记相对应。量程模块的 A 标记与模板上的标记相对，即量程模块被设定在 A 的位置。不同的量程模块位置适用不同的测量和测量范围，如图 1-13 所示。A 位置用于测量 ±1 000 mV 以内的小电压信号，由于电阻和热电偶均属于这个范围，所以 A 位置适用于电阻和热电偶信号；B 位置用于测量 ±10 V 以内的大电压信号，如 ±2.5 V、±5 V、1～5 V 等；C 位置用于测量由 4 线变送器产生的 ±20 mA 以内的信号；D 位置用于测量 2 线变送器产生的 40～20 mA 电流信号，并通过测量信号线对变送器供电。

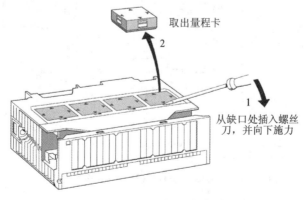

图 1-13　量程卡调节示意图

选择测量方法及范围的正确步骤是：先确定量程模块的位置，然后进行测量参数设置。参数设置只能以通道组为单位进行，即不可能为通道组中的两个通道设置不同的测量方法及范围。模块出厂时，量程模块在 B 位置。在没有使用 STEP 7 工具重新初始化模拟量输入模板 SM331 时，各量程模块所对应的测量方式和范围是模块上的默认设置。

对于量程模块设置 A 位置的通道组，SM331 能通过测量电流来检查断线。对于电流在 4～20 mA 时，当被测电流降至 4 mA 以下，模块产生一个断线中断。

二、模拟量输出模块

经 PLC 运算程序加工处理后的二进制电平信号需送入模拟量输出模块（AO 模块）进行 D/A 转换，将二进制电平信号变换为模拟量电信号，然后再用模拟量电信号驱动相应的执行器，如加热器、电磁调节阀等工业现场元件，最终实现对物理量的调节与控制。SM332 系列模块是 S7 系列 PLC 常用的模拟量输出模块。模拟量输出模块可用于驱动负载或执行器，其输出有电流和电压两种形式。电压型模拟量输出模块与负载的连接可以采用 2 线制或 4 线制电路。电流型模拟量输出模块与负载的连接只能采用 2 线制电路。

1. 模拟量输出模块结构及接线图

SM332 与负载/执行装置的连接示意图如图 1-14 所示。

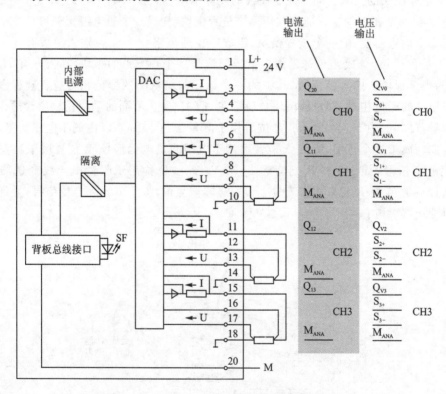

图 1-14　SM332 AO4*12Bit 模块接线示意图

SM332 可以输出电压，也可以输出电流。在输出电压时，采用 2 线回路和 4 线回路两种方式与负载相连,采用4线回路能获得比较高的输出精度。检测线S+和S−直接接到负载上。这样,在负载端直接测量和校准电压。采用2线回路时,S+和S−开路,但是输出精度不如4线回路高,在输出电流方式时,将负载连接到 Q_I 和 M_{ANA} 上即可, Q_I 和 Q_V 实际是统一端子。

2. 模拟量输出通道的转换、循环和响应时间

模拟量输出模板的转换时间包括内部存储器传送数字化输出值的时间和数/模转化的时间。模拟量输出各通道的转换是顺序进行的。模板的循环时间是所有模拟量输出通道的转换时间总和。模拟量输出的响应时间是一个比较重要的指标,响应时间就是内部储存器中出现数字量输出值开始到模拟量输出达到规定值所用时间的总和,它和负载特性有关,负载不同(比容性、阻性和感性负载),响应时间也不一样。

3. SM332 4x12 位模板的参数设定

使用 STEP 7 组态工具 SFC 系统功能调用,可以设定诊断中断允许、输出诊断、输出类型、输出范围L+掉电或模板故障后的潜代值等参数。如果模板中的一个通道不能使用,则可以通过设定输出类型撤除该通道,并让输出保持开路。在模拟量输出模板具有诊断能力和赋有适当参数的情况下,故障和错误产生诊断中断,模板上的 SF LED 闪烁。SM332 能对电流输出型断线检测,对电压输出作短路检测。

例1-1:某发电机的电压互感器的变比为 10 kV/100 V(线电压),电流互感器的变比为 1 000 A/5 A,功率变送器的额定输入电压和额定输入电流分别为 AC 100 V 和 5 A,额定输出电压为 DC±10 V,模拟量输入模块将 DC±10 V 输入信号转换为数字+27 648 和−27 649。设转换后得到的数字为 N,求以 kW 为单位的有功功率值。

解:根据互感器额定值计算的原边有功功率额定值为

$$\sqrt{3} \times 10\,000 \times 1\,000 = 173\,210\,000\,W = 17\,321\,kW$$

由以上关系不难推算出互感器原边的有功功率与转换后的数字之间的关系为 17 321/27 648 = 0.626 48 kW/字。转换后的数字为 N 时,对应的有功功率为 0.6265 N kW,如果以 kW 为单位显示功率 P,使用定点数运算时的计算公式为

$$P = N \times 6\,265/10\,000 \text{ kW}$$

三、模拟量输入/输出模块的地址

模拟量可以用多种数据格式来表示,如可以用整数方式或十六进制方式。每个插槽中的模拟量地址不同,在第一个插槽上的模拟量 I/O 地址为 256~270,每个模拟量模块自动按照 16 个字节的地址递增。每个模拟量通道占用两个字节,所以在模拟量地址中只有偶数。模拟量输入地址的标识符是 PIW,模拟量输出地址的标识符是 PQW。例如,在 4 号插槽中的模拟量输入模块,该模块中第一个通道的地址是 PIW256,如果是第 5 号插槽中的模拟量输出模块,则该模块第一个通道的地址表示为 PQW272。模拟量模块的地址表示如表 1-9 所列。

表1-9 S7-300模拟量地址的分配

机架	模板起始地址	槽号										
		1	2	3	4	5	6	7	8	9	10	11
0	模拟量	PS	CPU	IM	256~270	272~286	288~302	304~318	320~334	336~350	352~366	368~382
1	模拟量			IM	384~398	400~414	416~430	432~446	448~462	464~478	480~494	496~510
2	模拟量			IM	512~526	528~542	544~558	560~574	576~590	592~606	608~622	624~638
3	模拟量			IM	640~654	656~670	672~686	688~702	704~718	720~734	736~750	752~766

【任务实施】

本任务的任务书如表1-10所列。

表1-10 任务书

任务名称	模拟量模块的选择与安装		
班级		姓名	组别
任务目标	① 掌握模拟量模块的地址分配原则 ② 掌握模拟量输入/输出模块的接线方式 ③ 掌握模拟量模块及前连接器的安装方法 ④ 掌握模拟量模块硬件组态方法		
任务内容	根据实训项目提供的模拟量模块查阅PLC硬件手册,根据任务要求将模块安装在网孔板上,并将外部输入、输出正确连接至数量模块上;根据外部传感器的不同,正确地对模拟量模块进行选型,并正确设置模拟量模块的参数		
资料	工具		设备
S7-300选型手册 S7-300模块数据设备手册 S7-300CPU 31xC 和 CPU 31x技术规范	常用电工工具		CPU模块 电源模块 网孔板

四、模块硬件安装

模块硬件安装步骤见表1-11。

表 1-11 模块硬件安装步骤

序号	示意图	步骤说明
1		通过背板总线连接安装模拟量模块 SM332 AO4 * 12Bit
2		安装前段总线连接器

五、硬件组态

硬件组态步骤见表 1-12。

表 1-12 硬件组态步骤

序号	示意图	步骤说明
1	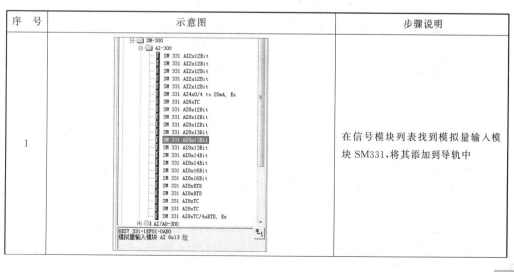	在信号模块列表找到模拟量输入模块 SM331,将其添加到导轨中

续表 1-12

序 号	示意图	步骤说明
2		在信号模块列表找到模拟量输入模块 SM332，将其添加到导轨中
3		在第 4 号槽插入模拟量输入模块后，默认地址如图所示
4		模拟量输入模块的参数设置，包括测量范围的选择，测量精度与转换时间的设置
5		模拟量输出模块地址的设置

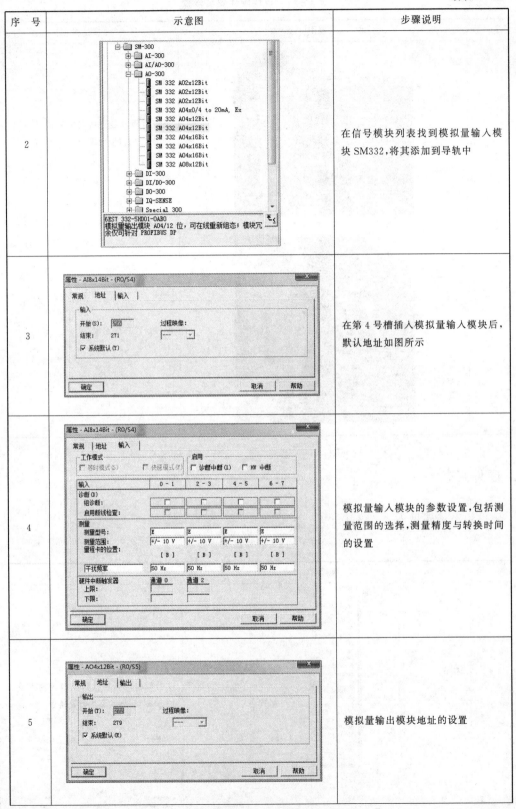

续表 1-12

序　号	示意图	步骤说明
6	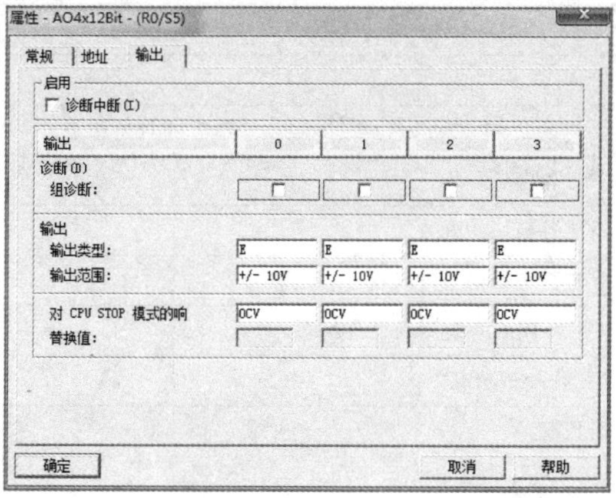	模拟量输出模块参数设置,包括输出类型、输出范围等

【项目评价】

该项目的学生自评表见表 1-13,学生互评表见表 1-14,教师评价表见表 1-15。

表 1-13　学生自评表

项目一 PLC 硬件安装与组态			
班级	姓名	学号	组别
评价项目	评价内容		评价结果
专业能力	能够正确选用 PLC 各模块		
	能够进行 PLC 系统各模块的安装		
	能够对 PLC 系统进行正确的电气接线		
	能够应用编程软件对 PLC 系统进行硬件组态		
方法能力	能够遵守电气安全操作规程		
	能够查阅 PLC 相关手册		
	能够正确使用选择使用工具		
	能够对自己学习情况进行总结		
社会能力	能够积极与小组内同学交流讨论		
	能够正确理解小组任务分工		
	能够主动帮助他人		
	能够正确认识自己错误并改正		
自我评价与反思			

表1-14 学生互评表

项目一 PLC硬件安装与组态				
被评价人	班级	姓名	学号	组别
评价人				
评价项目	评价内容			评价结果
专业能力	能正确选用PLC各模块			
	能进行PLC系统各模块的安装			
	能对PLC系统进行正确的电气接线			
	能应用编程软件对PLC系统进行硬件组态			
方法能力	遵守电气安全操作规程情况			
	查阅PLC手册情况			
	使用工具情况			
	对任务完成总结情况			
社会能力	团队合作能力			
	交流沟通能力			
	乐于助人情况			
	学习态度情况			
综合评价				

表1-15 教师评价表

项目一 PLC硬件安装与组态				
被评价人	班级	姓名	学号	组别
评价项目	评价内容			评价结果
专业知识掌握情况	充分理解项目的要求及目标			
	PLC系统组成及工作原理的理解			
	PLC系统各模块特点的掌握情况			
	PLC模块的选型掌握情况			
任务实操及方法掌握情况	安全操作规程掌握情况			
	各模块安装与接线情况			
	使用软件进行硬件组态情况			
	查阅PLC手册情况			
	使用工具情况			
	任务完成总结情况			

续表 1-15

社会能力培养情况	积极参与小组讨论	
	主动帮助他人	
	善于表达及总结发言	
	认识错误并改正	
综合评价		

【思考题】

① 简述 PLC 的工作原理。

② 划分大、中、小型 PLC 的依据是什么？

③ S7-300 的 PLC 模拟量模块的测量信号类型有哪几种？测量范围如何设定？

④ PLC 的输出元件有哪几种类型？它们的主要区别是什么？

⑤ S7-300 的 PLC 模拟量模块的模拟值用什么表示？

项目二　电动机的 PLC 基本控制编程应用

近些年,在自动化设备的控制中,PLC 作为主控制器得到了广泛的应用,并快速发展,相比于传统控制系统,PLC 具有很多优点,能保证系统安全稳定地运行。PLC 作为主控制器,承担着智能制造技术创新与应用开发平台中各部分工作的主控协作功能。在实训设备平台中涉及多种驱动电机的控制与调试,电机的安全稳定运行是设备安全生产的保证,需要可靠的控制系统作支持。本项目即将普通三相异步电机作为控制对象,用 PLC 控制实现电机的启停、星—角启动、正反转等功能。

任务一　软件安装与项目创建

【任务描述】

S7-300 与 S7-400 系列 PLC 的编程软件是 SIMATIC STEP 7,本项目所使用的软件版本是 V5.5 SP2。本任务主要目的是认识西门子 PLC 编程软件,掌握编程软件 STEP 7 的安装和仿真软件 PLCSIM 的安装方法,并能够应用 STEP 7 创建 S7-300 PLC 的工作站,掌握软件的基本使用。

【知识储备】

一、认识编程软件 STEP 7 和仿真软件 PLCSIM

1. 认识编程软件 STEP 7

(1) 简　介

STEP 7 编程软件用于西门子系列工控产品,包括 SIMATIC S7、M7、C7 和基于 PC 的 WinAC 的编程、监控和参数设置,是 SIMATIC 工业软件的重要组成部分。STEP 7 是 S7-300/400 的编程软件,编程方式仅局限于 LAD、STL、FBD。

(2) 特　点

STEP 7 具有以下功能:硬件配置和参数设置、通信组态、编程、测试、启动和维护、文件建档、运行和诊断功能等。STEP 7 的所有功能均有大量的在线帮助,用鼠标打开或选中某一对象,按 F1 可以得到该对象的相关帮助。

在 STEP 7 中,用项目来管理一个自动化系统的硬件和软件。STEP 7 用 SIMATIC 管理器对项目进行集中管理,它可以方便地浏览 SIMATIC S7、M7、C7 和 WinAC 的数据。实现 STEP 7 各种功能所需的 SIMATIC 软件工具都集成在 STEP 7 中。

2. 认识仿真软件 PLCSIM

（1）简　介

S7-PLCSIM 是西门子公司开发的可编程控制器模拟软件，它在 STEP 7 集成状态下实现无硬件模拟，也可以与 WinCC flexible 集成于 STEP 7 环境下实现上位机监控模拟。S7-PLCSIM 是学习 S7-300 必备的软件，不需要连接真实的 CPU 即可以仿真运行，支持 Windows 7。

（2）特　点

仿真软件还可模拟对位存储器、外围输入变量区和外围输出变量区的操作，以及对存储在数据块中的数据（如 DBl.DBX0.0 或 DBl.DBW0 等）的读写。同时，可实现定时器和计数器的监视和修改，通过程序使定时器自动运行或手动复位，从而实现对 S7-300 和 S7-400 PLC 的用户程序进行离线仿真与调试，可访问模拟 PLC 的 I/O 存储器、累加器和寄存器。通过在仿真运行窗口中改变输入变量的 ON/OFF 状态来控制程序的运行，并观察有关输出变量的状态来监视程序运行的结果。

二、对计算机的要求

1. 硬件要求

安装需要注意为 STEP 7 V 5.5 软件增加主存储空间。下面是安装 STEP 7 V5.5 版本软件的要求：

① 在 Windows XP 专业版中安装时，PC 机需要至少 1 GB 的内存，主频至少 1 GHz；
② 在 Windows 7 操作系统中安装时，PC 机需要至少 2 GB 的内存，主频至少 1.3 GHz。

2. 软件要求

STEP 7 V 5.5 的安装对操作系统的要求如下：
① 微软 Windows 7 的 32/64 位旗舰版、专业版和企业版（标准安装）；
② 微软 Windows XP 专业版 SP2 或 SP3；
③ 微软 Windows Server 2003 SP2 / R2 SP2 工作站。
STEP 7 V5.5 安装需要 650 MB 到 1GB 之间的硬盘空间。

3. 储存要求

根据可用存储空间的大小，安装了 STEP 7 V5.5 的操作系统针对交换文件需要额外的硬盘空间（典型为 C 盘）。所要求的硬盘存储空间大小至少为计算机内存的两倍（如计算机内存为 512 MB，在安装 STEP 7 后，针对交换文件硬盘空余空间至少为 1024 MB）。根据项目的大小，当复制一个完整的项目时，可能需要更多的交换文件空间，如硬盘剩余空间是项目大小的两倍。如果对于交换文件的存储空间太小，STEP 7 可能会出错（甚至损坏）。

【任务实施】

本任务的任务书见表2-1。

表2-1 任务书

任务名称	软件安装与项目创建				
班级		姓名		组别	
任务目标	① 掌握编程软件的安装方法 ② 掌握软件的授权操作方法 ③ 掌握项目的创建方法				
任务内容	根据实训项目提供的编程软件STEP5.5 SP2版本,在计算机中确安装软件,查阅STEP 7使用手册,根据任务要求创建项目				
资料		工具		设备	
STEP 7使用手册 S7-300CPU 31xC 和 CPU 31x 技术规范		无		计算机 PLC系统一套	

三、编程软件的安装

STEP7的安装步骤如表2-2所列。

表2-2 STEP 7的安装步骤

序号	示意图	步骤说明
1	 CD_1 CD_2 Autorun README ReadMe_OSS READMEK READMEK_OSS Setup Setups.cfg	打开安装软件包文件夹step75.5sp2cn,双击打开其中的安装文件Setup.exe
2	 Setup Setup language: English 安装程序语言: 简体中文(X) SIMA SIEMENS	安装程序语言选择"简体中文"

续表 2-2

序 号	示意图	步骤说明
3		出现如图所示的加载页面
4		选择接受条款,单击"下一步"
5		单击"下一步"

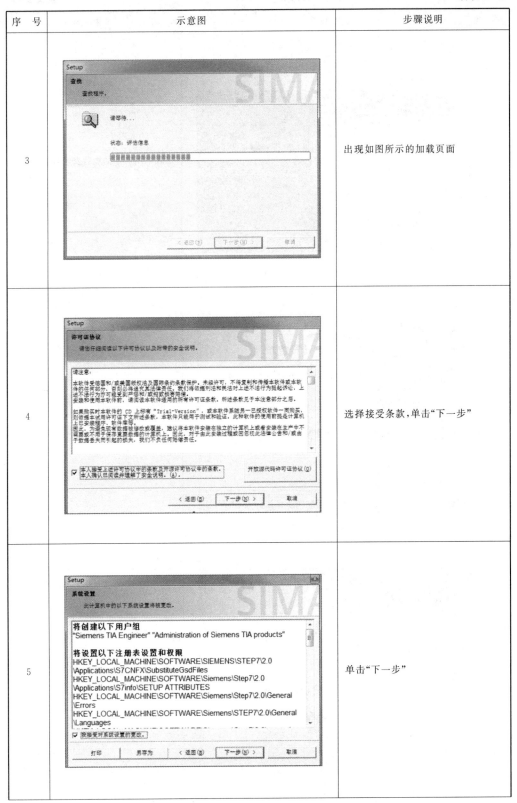

续表 2-2

序号	示意图	步骤说明
6		出现如图所示的加载安装页面
7		单击"下一步"
8		单击"下一步"

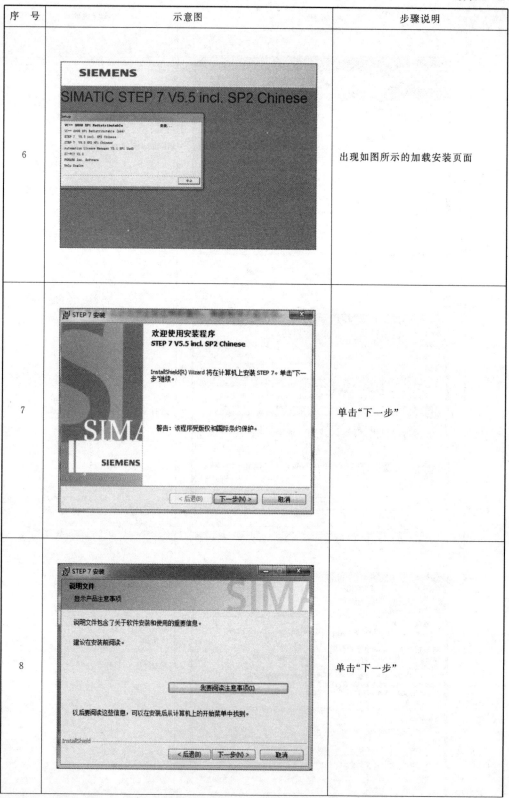

续表 2-2

序号	示意图	步骤说明
9		单击"下一步"
10		选择安装路径,单击"下一步"
11		选择"简体中文",单击"下一步"

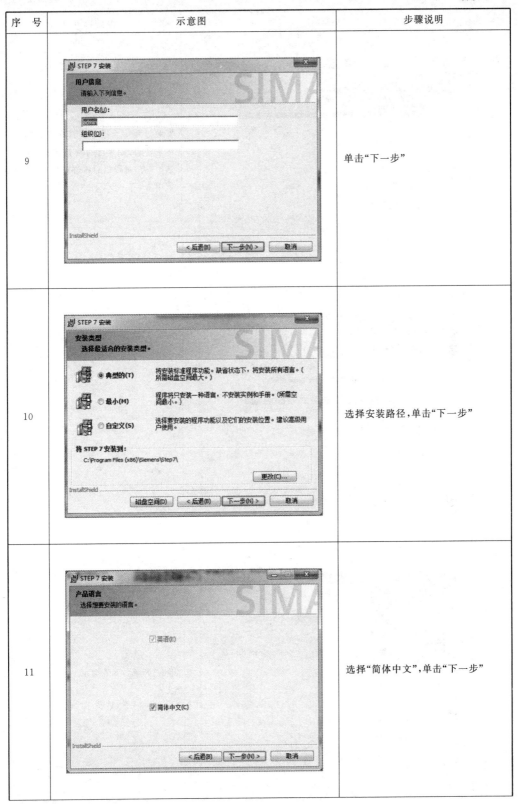

续表 2-2

序号	示意图	步骤说明
12		安装过程中会提示是否在安装期间传送密钥,如果已有秘钥选择"是",选择"否"可以以后再进行传送,选择后单击"下一步"
13		选择"安装"
14		单击"完成",安装结束

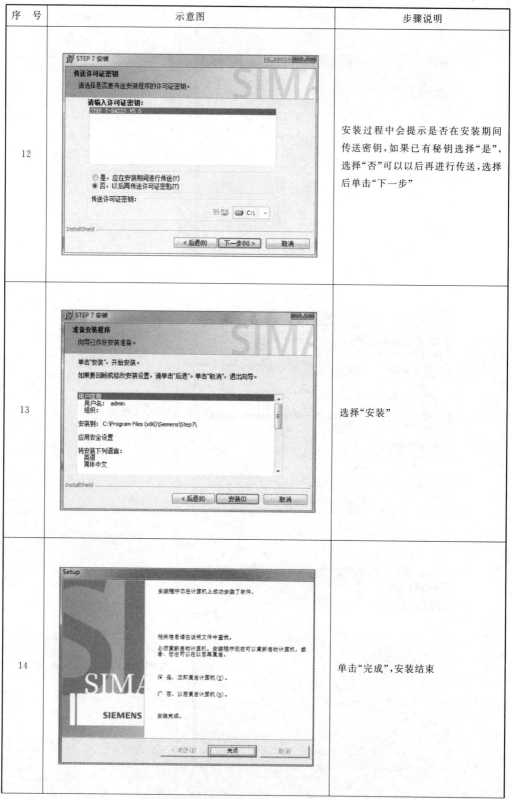

续表 2-2

序号	示意图	步骤说明
15		完成软件安装,此时桌面上会出现如图所示的图标

注意事项：

① 如果安装过程出现如图 2-1 所示的提示,可重新启动电脑。

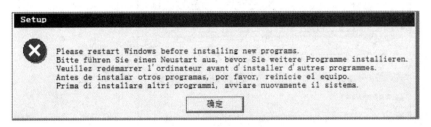

图 2-1　安装时弹出提示界面

② 安装过程不需要做任何设置,只选择默认,并且都安装到 C 盘。

③ 安装过程会提示是否在安装期间传送密钥,若选择否,可以使用许可证管理器安装许可证密匙。如果没有许可证密匙,可以在首次打开安装好的软件时,激活 14 天使用期限。

二、项目的创建

安装完编程软件后,在进行项目的程序编写之前,首先应学会项目的创建和生产,下面将应用 STEP 7 软件进行 S7-300 控制项目工程的创建,具体步骤见表 2-3。

表 2-3　S7-300 控制项目工程创建步骤

序号	示意图	步骤说明
1		打开 SIMATIC Manager,自动弹出新建项目向导,可以选择通过此方法建立一个新工程

续表 2-3

序号	示意图	步骤说明
2		选择 CPU 类型,单击"下一步"
3		根据需要选择 OB1,选择梯形图语言 LAD,单击"下一步"
4		填写项目名称后,单击"完成",一个新的工程项目即成功建立

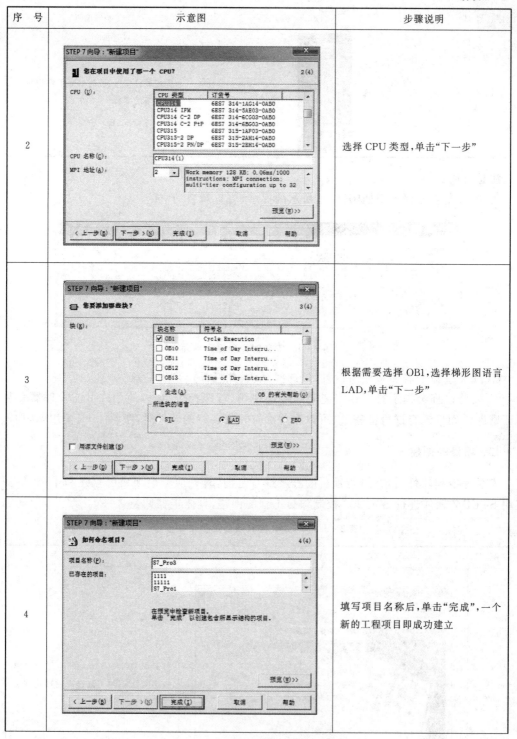

续表 2-3

序　号	示意图	步骤说明
5		创建完成

任务二　PLC 控制异步电动机可逆连续运行

【任务描述】

异步电机正反转的 PLC 控制系统设计是学习 PLC 基本逻辑控制指令的常用案例,此次任务的目标是掌握 S7-300 PLC 的基本逻辑指令和编程方法,掌握 PLC 控制电气原理图的绘制,编写 PLC 控制电动机可逆连续运行的程序,学会应用编程软件 STEP 7 和仿真软件 PLCSIM 进行项目的调试。

【知识储备】

一、PLC 的编程语言

1. 梯形图编程

(1) PLC 的编程特点

① 程序的执行顺序:

图 2-2 所示,上下两幅图实现相同的功能,当 1S1 闭合时,1Y1、1Y2 输出。系统上电之后,当 1S1 闭合时,继电器梯形图中的 1Y1、1Y2 会同时得电,若不考虑继电器触点的延时,则

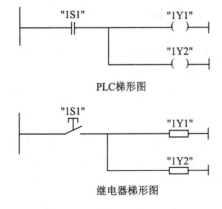

图 2-2　梯形图编程示意

1Y1、1Y2会同时输出。但在PLC梯形图中,因为PLC的程序是顺序扫描的,PLC的指令按从上向下、从左向右的扫描顺序执行,整个PLC的程序不断循环往复。PLC"继电器"的动作顺序由PLC的扫描顺序和在梯形图中的位置决定。因此,当1S1闭合时,1Y1先输出而1Y2后输出,即继电器采用并行的执行方式,而PLC则采用串行的执行方式。图2-3所示的程序,则会因为PLC扫描顺序、串行执行的影响,而出现输出结果动作的时序不同。

② 继电器自身的延时效应:

传统的继电器的触点在线圈得电后动作时有一个微小的延时,并且常开和常闭触点的动作之间有一微小的时间差。而PLC中的继电器都为软继电器,不会有延时效应,图2-4所示的程序即演示了PLC梯形图和继电器执行图的区别,在这里忽略了PLC的扫描时间。

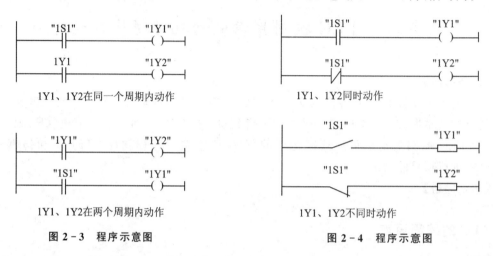

图2-3　程序示意图　　　　　　　　图2-4　程序示意图

③ PLC中的软继电器:每个软继电器有无数个常开和常闭触点,使用可以不受次数限制。

(2) PLC编程的基本原则

① 每个梯形图网络由多个梯级组成,每个输出元素可构成一个梯级,每个梯级可由多个支路组成。

② 梯形图每一行都是从左母线开始,而且输出线圈接在最右边,输入触点不能放在输出线圈的右边。

③ 输出线圈不能直接与左母线连接。

④ 多个的输出线圈可以并联输出。

⑤ 在一个程序中,各输出处同一编号的输出线圈若使用两次,称为"双线圈输出"。双线圈输出容易引起误动作,禁止使用。

⑥ PLC梯形图中,外部输入/输出继电器、内部继电器、定时器、计数器等器件的触点可多次重复使用。

⑦ 梯形图中串联或并联的触点的个数没有限制,可无限次地使用。

⑧ 在用梯形图编程时,只有在一个梯级编制完成后才能继续后面的程序编制。

⑨ 梯形图程序运行时,其执行顺序是按从左到右、从上到下的原则。

(3) 编程技巧及原则

编程技巧及原则可概括为:"上重下轻,左重右轻,避免混联"。梯形图应把串联触点较多的电路放在梯形图上方,把并联触点较多的电路放在梯形图最左边。为了输入程序方便操作,可以把一些梯形图的形式作适当变换。

2. 语句表编程

(1) PLC 的语句:操作码+操作数

操作码用来指定要执行的功能,告诉 CPU 该进行什么操作;操作数内包含执行该操作必需的信息,告诉 CPU 用什么地方的数据来执行此操作。

(2) 操作数的分配原则

为了让 CPU 区别不同的编程元素,每个独立的元素应指定一个互不重复的地址,所指定的地址必须在该型机器允许的范围之内。

3. 其他编程语言

其他编程语言包括功能图编程、高级编程语言(C 语言、Pascal 语言等),具体见表 2-4。

表 2-4　编程语言列表

编程语言	用户类	应用
语句表(STL)	可用类似于机器码语言编程的用户	程序在运行时间和存储空间要求上最优
梯形图(LAD)	习惯电路图的用户	编写逻辑控制程序
功能图(FBD)	熟悉布尔代数逻辑图的用户	编写逻辑控制程序
SCL(结构控制语言)可选软件包	用高级语言,如 PASCAL 或 C 语言编程的用户	数据处理任务程序
S7 Graph(顺序控制)可选软件包	有技术背景,没有 PLC 编程经验的用户	以顺序过程的描述很方便
S7 HiGraph(状态图形)可选软件包	有技术背景,没有 PLC 编程经验的用户	以异步非顺序过程的描述很方便
CFC(连续功能图)可选软件包	有技术背景,没有 PLC 编程经验的用户	适用于连续过程的描述

二、PLC 编程指令基础

1. 指令的组成

指令是程序的最小独立单位,用户程序是由若干条顺序排列的指令构成。指令一般由操作码和操作数组成,其中的操作码代表指令所要完成的具体操作(功能),操作数则是该指令操作或运算的对象。

例如,对于 STL 指令 A　I0.0,其中 A 是操作码,表示该指令的功能是逻辑"与"操作;I0.0 是操作数,也就是数字量输入模块的第 0 字节的第 0 位;该指令的功能就是对 I0.0 进行"与"操作。

2. 变 量

指令操作数既可以是变量,也可以是常量或常数。如果指令的操作数是变量,则该变量既可以用绝对地址表示,也可以用符号地址表示。

绝对地址是数字地址。数字量信号地址用位、字节、字和双字表示;模拟量信号地址用通道表示,一个通道为 16 位,可以用字节、字表示。

(1) 1 位(Bit)

通过一个变量标识符、一个字节数字、一个间隔符(小数点)和一个位数字引用一个绝对地址。位数字范围是 0~7。例如:

① I1.0 表示数字量输入区域的第 1 字节的第 0 位;

② Q16.4 表示数字量输出区域的第 16 字节的第 4 位。

(2) 8 位(字节,BYTE)

通过一个地址标识符 B 和一个字节数字编号来引用一个绝对地址,例如:

① IB2 表示数字量输入区域的第 2 个字节;

② QB18 表示数字量输出区域的第 18 个字节。

(3) 16 位(字,WORD)

通过一个地址标识符 W 和一个字数字编号来引用一个绝对地址。一个字由 2 个字节组成,其中的高地址字节位于字的低位,低地址字节位于字的高位,为了避免两个字变量出现字节重叠,一般规定字的地址用偶数表示。例如:

① IW4 表示数字量输入区域地址是 4 的字,它包含 IB4(高字节)和 IB5(低字节);

② QW20 表示数字量输出区域地址是 20 的字,它包含 QB20(高字节)和 QB21(低字节)。

(4) 32 位(双字,DWORD)

通过一个地址标识符 D 和一个双字数字编号来引用一个绝对地址。一个双字由 4 个字节组成,其中的最高地址字节位于双字的最低位,最低地址字节位于双字的最高位,为了避免两个双字变量出现字节重叠,一般规定双字的地址用 4 的倍数表示。例如:

① ID8 表示数字量输入地址是 8 的双字,它包含 IB8(高字节)、IB9(次高字节)、IB10(次低字节)和 IB11(低字节);

② QD24 表示数字量输出地址是 24 的双字,它包含 QB24(高字节)、QB25(次高字节)、QB26(次低字节)和 QB27(低字节)。

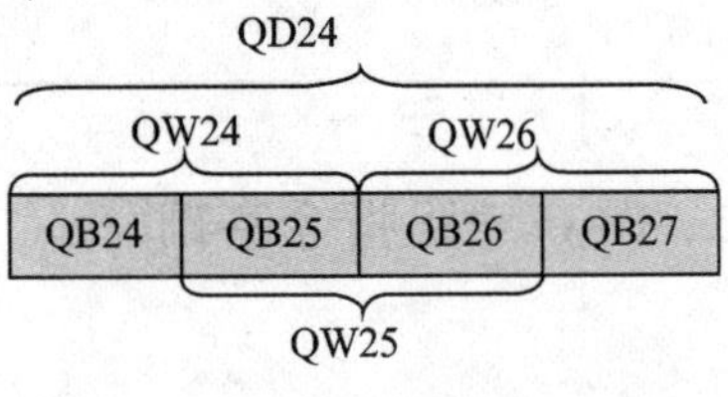

字节、字及双字的关系如图 2-5 所示。

图 2-5 字节、字,双字关系图

3. 常数及其数据类型

常数是预先给定的数据,在 STEP 7 中,每个常数都有一个前缀以表示其数据类型。

数据类型用来决定数据的属性,在 STEP 7 中,数据类型分为:基本数据类型、复杂数据类型和参数类型。

基本数据类型用来定义不超过 32 位的数据，可以装入 S7 处理器的累加器中，可利用 STEP7 基本指令处理。基本数据类型共有 12 种（见表 2-5）。

表 2-5 数据类型表

类型（关键词）	位数	表示形式	数据与范围	示 例
布尔（BOOL）	1	布尔量	True/False	True
字节（BYTE）	8	十六进制	B#16#0～B#16#FF	L B#16#20
字（WORD）	16	二进制	2#0～2#1111_1111_1111_1111	L 2#0000_0011_1000_0000
		十六进制	W#16#0～W#16#FFFF	L W#16#0380
		BCD 码	C#0～C#999	L C#896
		无符号十进制	B#(0,0)～B#(255,255)	L B#(10,10)
双字（DWORD）	32	十六进制	DW#16#0000_0000～DW#16#FFFF_FFFF	L DW#16#0123_ABCD
		无符号数	B#(0,0,0,0)～B#(255,255,255,255)	L B#(1,23,45,67)
字符（CHAR）	8	ASCII 字符	可打印 ASCII 字符	'A','0',' '
整数（INT）	16	有符号十进制数	-32768～+32767	L -23
长整数（DINT）	32	有符号十进制数	L#-214 783 648～L#214 783 647	L #23
实数（REAL）	32	IEEE 浮点数	±1.175 495e-38～±3.402 823e+38	L 2.345 67e+2
时间（TIME）	32	带符号 IEC 时间，分辨率为 1 ms	T#-24D_20H_31M_23S_648MS～T#24D_20H_31M_23S_647MS	L T#8D_7H_6M_5S_0MS
日期（DATE）	32	IEC 日期，分辨率为 1 天	D#1990_1_1～D#2168_12_31	L D#2005_9_27
实时时间（Time_Of_Daytod）	32	实时时间，分辨率为 1 ms	TOD#0:0:0.0～TOD#23:59:59.999	L TOD#8:30:45.12
S5 系统时间（S5TIME）	32	S5 时间，以 10 ms 为时基	S5T#0H_0M_10MS～S5T#2H_46M_30S_0MS	L S5T#1H_1M_2S_10MS

复杂数据类型用来定义超过 32 位或由其他数据类型组成的数据。复杂数据类型要预定义，其变量只能在全局数据块中声明，可以作为参数或逻辑块的局部变量。STEP 7 的指令不能一次处理一个复杂的数据类型（大于 32 位），但是一次可以处理一个元素。

参数类型是一种用于逻辑块（FB、FC）之间传递参数的数据类型，主要有定时器

(TIMER)、计数器(COUNTER)、块(BLOCK)、指针(POINTER)和 ANY 等类型。

4. S7－300 系列 PLC 用户存储区的分类及功能

S7－300 系列 PLC 用户存储区的分类及功能见表 2－6。

表 2－6 用户存储区分类表

存储区域	功能	运算单位	寻址范围	标识符
输入过程映像寄存器（又称输入继电器）(I)	在开始扫描循环时，操作系统从现场（又称过程）读取控制按钮、行程开关及各种传感器等送来的输入信号，并存入输入过程映像寄存器，其每一位对应数字量输入模块的一个输入端子	输入位	0.0～65 535.7	I
		输入字节	0～65 535	IB
		输入字	0～65 534	IW
		输入双字	0～65 532	ID
输出过程映像寄存器（又称输出继电器）(Q)	在循环扫描期间，逻辑运算的结果存入输出过程映像寄存器；在循环扫描结束前，操作系统从输出过程映像寄存器读出最终结果，并将其传送到数字量输出模块，直接控制 PLC 外部的指示灯、接触器、执行器等控制对象	输出位	0.0～65535.7	Q
		输出字节	0～65 535	QB
		输出字	0～65 534	QW
		输出双字	0～65 532	QD
位存储器（又称辅助继电器）(M)	位存储器与 PLC 外部对象没有任何关系，其功能类似于继电器控制电路中的中间继电器，主要用来存储程序运算过程中的临时结果，可为编程提供无数量限制的触点，可以被驱动但不能直接驱动任何负载	存储位	0.0～255.7	M
		存储字节	0～255	MB
		存储字	0～254	MW
		存储双字	0～252	MD
外部输入寄存器(PI)	用户可以通过外部输入寄存器直接访问模拟量输入模块，以便接收来自现场的模拟量输入信号	外部输入字节	0～65 535	PIB
		外部输入字	0～65 534	PIW
		外部输入双字	0～65 532	PID
外部输出寄存器(PQ)	用户可以通过外部输出寄存器直接访问模拟量输出模块，以便将模拟量输出信号送给现场的控制执行器	外部输出字节	0～65 535	PQB
		外部输出字	0～65 534	PQW
		外部输出双字	0～65 532	PQD
定时器(T)	作为定时器指令使用，访问该存储区可获得定时器的剩余时间	定时器	0～255	T
计数器(C)	作为计数器指令使用，访问该存储区可获得计数器的当前值	计数器	0～255	C
数据块寄存器(DB)	数据块寄存器用于存储所有数据块的数据，最多可同时打开一个共享数据块 DB 和一个背景数据块 DI；用 OPEN DB 指令可打开一个共享数据块 DB，用 OPEN DI 指令可打开一个背景数据块 DI	数据位	0.0～65 535.7	DBX 或 DIX
		数据字节	0～65 535	DBB 或 DIB
		数据字	0～65 534	DBW 或 DIW
		数据双字	0～65 532	DBD 或 DID
本地数据寄存器（又称本地数据）(L)	本地数据寄存器用来存储逻辑块(OB、FB 或 FC)中所使用的临时数据，一般用作中间暂存器；因为这些数据实际存放在本地数据堆栈（又称 L 堆栈）中，所以当逻辑块执行结束时，数据自然丢失	本地数据位	0.0～65535.7	L
		本地数据字节	0～65535	LB
		本地数据字	0～65534	LW
		本地数据双字	0～65532	LD

5. 基本逻辑指令

（1）常开触点

与继电器的常开触点类似，对应的元件被操作时，其常开触点闭合；否则，对应常开触点"复位"，即触点仍处于打开的状态。

（2）常闭触点

与继电器的常闭触点类似，对应的元件被操作时，其常闭触点断开；否则，对应常闭触点"复位"，即触点仍保持闭合的状态。

（3）输出线圈（赋值指令）

输出线圈与继电器控制电路中的继电器线圈一样，如果有电流（信号流）流过线圈（RLO＝1），则元件被驱动，与其对应的常开触点闭合、常闭触点断开；如果没有电流流过线圈（RLO＝0），则元件被复位，与其对应的常开触点断开、常闭触点闭合。

输出线圈等同于 STL 程序中的赋值指令（用等于号"＝"表示）。

（4）中间输出

在设计梯形图时，如果一个逻辑串很长不便于编辑时，可以将逻辑串分成几个段，前一段的逻辑运算结果（RLO）可作为中间输出存储在位存储器 M 中，该存储位可以当作一个触点出现在其他逻辑串中。

中间输出只能放在梯形图逻辑串的中间，而不能出现在最左端或最右端。

（5）逻辑"与"操作

当所有的输入信号都为1，则输出为1；只要输入信号有一个不为1，则输出为0。

例 2-1：

功能图（FBD）语言如下：

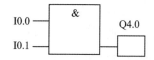

梯形图（LAD）语言如下：

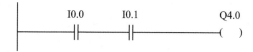

语句表（STL）语言如下：

```
A    I 0.0
A    I 0.1
=    Q 4.0
```

（6）逻辑"或"操作

只要有一个输入信号为1，则输出为1；所有输入信号都为0，输出才为0。

例 2-2：

功能图（FBD）语言如下：

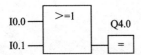

当输入信号 I0.0 和 I0.1 有一个以上为 1 时,输出信号 Q 4.0 为 1。当输入信号 I0.0 和 I 0.1 都为 0 时,输出信号 Q 4.0 才为 0。

梯形图(LAD)语言如下:

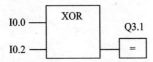

语句表(STL)语言如下:

O I 0.0
O I 0.1
= Q 4.0

(7) 逻辑异或操作

当两个输入信号其中一个为 1 而另一个为 0 时,输出信号为 1;当两个输入信号都为 0 或者都为 1 时,输出信号为 0。

例 2-3:

功能图(FBD)语言如下:

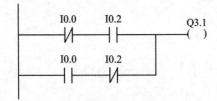

当输入信号 I 0.0 为 1 而 I 0.2 为 0 或者 I 0.0 为 0 而 I 0.2 为 1 时,输出信号 Q3.1 为 1。当输入信号 I 0.0 和 I 0.2 都为 0 或者 I 0.0 和 I 0.2 都为 1 时,输出信号 Q 3.1 为 0。

梯形图(LAD)语言如下:

语句表(STL)语言如下:

X I 0.0
X I 0.2
= Q 3.1

(8) 逻辑取反操作

逻辑取反操作对逻辑运算结果 RLO 取反。

功能图(FBD)符号:—|
梯形图(LAD)符号:---|NOT|---
语句表(STL)符号:NOT

例 2-4:只有当 I1.0 和 I1.1 相与的结果为 0 并且 I1.2 和 I1.3 相与的结果也为 0 或 I1.4 为 1 时,输出 Q4.0 才为 1;否则 Q4.0 为 0。

功能图(FBD)语言如下:

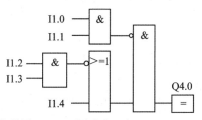

梯形图(LAD)语言如下:

```
I1.0  I1.1      I1.2  I1.3              Q4.0
─┤├──┤├──|NOT|──┤├──┤├──|NOT|──────────( )
                     I1.4
                ─────┤├─────
```

语句表(STL)语言如下:

A   I 1.0
A   I 1.1
NOT
A(
A   I 1.2
A   I 1.3
NOT
O   I 1.4
)
=   Q 4.0

(9) 位逻辑操作

位逻辑指令的运算规则:先与后或。

例 2-5:当输入信号 I1.0 和 I1.1 都为 1,或输入信号 I1.2 和 I1.3 都为 1 时,输出信号 Q3.1 为 1;否则输出信号 Q3.1 为 0。

功能图(FBD)语言如下:

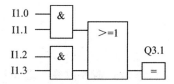

梯形图(LAD)语言如下:

```
     I1.0    I1.1       Q3.1
   ──┤├──────┤├─────────( )──
     I1.2    I1.3
   ──┤├──────┤├──
```

语句表(STL)语言如下：

A   I 1.0
A   I 1.1
O
A   I 1.2
A   I 1.3
=   Q 3.1

例 2-6：当输入信号 I 1.0 或 I 1.1 为 1，并且 I 1.2 或 I 1.3 也为 1 时，输出信号 Q 3.1 为 1；否则输出信号 Q 3.1 为 0。

功能图(FBD)语言如下：

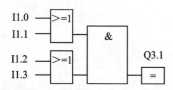

梯形图(LAD)语言如下：

```
     I1.0    I1.2       Q3.1
   ──┤├──────┤├─────────( )──
     I1.1    I1.3
   ──┤├──────┤├──
```

语句表(STL)语言如下：

A(
O   I 1.0
O   I 1.1
)
A(
O   I 1.2
O   I 1.3
)
=   Q 3.1

(10) 置位/复位指令

置位/复位指令根据 RLO 的值，来决定被寻址位的信号状态是否需要改变。若 RLO 的值为 1，被寻址位的信号状态被置 1 或清 0；若 RLO 是 0，则被寻址位的信号保持原状态不变。

对于置位操作,一旦 RLO 为 1,则被寻址信号(输出信号)状态置 1,即使 RLO 又变为 0,输出仍保持为 1;对于复位操作,一旦 RLO 为 1,则被寻址信号(输出信号)状态置 0,即使 RLO 又变为 0,输出仍保持为 0。

语句表 STL 表示的置位/复位指令:

R:Reset,复位指令;

S:Set,置位指令。

梯形图 LAD 表示的置位/复位指令:

S:Set Coil,线圈置位指令;

R:Reset Coil,线圈复位指令;

SR:Set－Reset Flip Flop,复位优先型 SR 双稳态触发器指令;

RS:Reset－Set Flip Flop,置位优先型 RS 双稳态触发器指令。

功能图 FBD 表示的位逻辑指令:

① 置位/复位线圈指令。

例 2-7:当 I0.0 和 I0.1 输入都为 1 或者 I0.2 输入为 0 时,Q4.0 被置位,即输出为 1;不满足上述条件时,Q4.0 的输出状态不变。

功能图(FBD)语言如下:

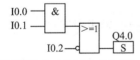

梯形图(LAD)语言如下:

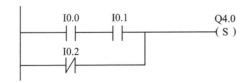

语句表(STL)语言如下:

A   I 0.0
A   I 0.1
ON I 0.2

Q 4.0

例 2-8：当 I0.0 和 I0.1 输入都为 1 或者 I0.2 输入为 0 时，Q 4.0 被复位，即输出为 0；不满足上述条件时，Q 4.0 的输出状态不变。

功能图（FBD）语言如下：

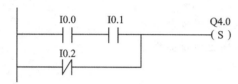

梯形图（LAD）语言如下：

```
      I0.0   I0.1       Q4.0
      ─┤├────┤├──────────(S)
      I0.2
      ─┤/├
```

语句表（STL）语言如下：

```
A    I 0.0
A    I 0.1
ON   I 0.2
R    Q 4.0
```

② 置位/复位双稳态触发器指令。

如果置位输入端为 1，复位输入端为 0，则触发器被置位。此后，即使置位输入端为 0，触发器也保持置位不变。如果复位输入端为 1，置位输入端为 0，则触发器被复位。

置位优先型 RS 触发器的 R 端在 S 端之上，当两个输入端都为 1 时，下面的置位输入端最终有效，即置位输入优先，触发器被置位。

复位优先型 SR 触发器的 S 端在 R 端之上，当两个输入端都为 1 时，下面的复位输入端最终有效，即复位输入优先，触发器被复位。

例 2-9：

如果输入信号 I0.0 = 1，I0.0 = 0，则 M0.0 被复位，Q4.0 = 0；

I0.0 = 0，I0.0 = 1，则 M0.0 被置位，Q4.0 = 1；

I0.0 = 0，I0.0 = 0，则 M0.0 输出保持不变，Q4.0 输出不变；

I0.0 = 1，I0.0 = 1，则 M0.0 被置位，Q4.0 = 1。

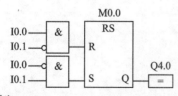

例 2-10：

如果输入信号 I0.0 = 1，I0.0 = 0，则 M0.0 被复位，Q4.0 = 0；

I0.0 = 0，I0.0 = 1，则 M0.0 被置位，Q4.0 = 1；

I0.0 = 0，I0.0 = 0，则 M0.0 输出保持不变，Q4.0 输出不变；

I0.0 = 1，I0.0 = 1，则 M0.0 被置位，Q4.0 = 0。

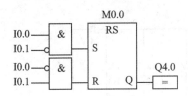

【任务实施】

本任务的任务书见表 2-7。

表 2-7 任务书

任务名称	PLC 控制异步电动机可逆连续运行				
班级		姓名		组别	
任务目标	① 掌握电机正反转的电路控制原理 ② 掌握 PLC 控制系统的 I/O 分配 ③ 掌握 S7-300 的基本逻辑编程指令 ④ 掌握程序的编写与调试				
任务内容	根据实训任务的要求,设计三相异步电机正反转的控制原理图的设计,并根据 PLC 控制原理图正确接线,对控制系统进行 I/O 分配,建立项目,编写符号表及程序,并进行软件仿真调试运行				
资料		工具		设备	
STEP 7 使用手册 S7-300CPU 31xC 和 CPU 31x 技术规范		电工工具		计算机 PLC 一套	

三、电气原理图绘制

交流电机正反转在工矿企业生产中广泛使用,是比较经典的控制电路。在该控制线路中,KM1 为正转交流接触器,KM2 则为反转交流接触器,SB1 为停止按钮,SB2 为正转控制按钮,SB3 为反转控制按钮。当按下 SB2 正转按钮时,KM1 得电,电机正转;此时当按下反转按钮,正转接触器线圈失电,反转接触器线圈得电,电机正转停止后开始反转;若要电机停止,必须按下 SB1 停止按钮。同理,电机在反转时按下正转按钮,则电机反转接触器线圈失电,电机正转接触器线圈得电,电机停止反转、开始正转。此方式运行称为三相异步电机正反转的双重互锁电路,电气设计原理图主电路图如图 2-6(a)所示,PLC 控制电路图如图 2-6(b)所示。

四、I/O 分配

PLC 系统的输入点有:停止按钮 SB1、正转启动按钮 SB2、反转按钮 SB3,热继(电器)常闭触点 FR,输出控制点有 KM1 和 KM2 的线圈。接下来进行 I/O 分配,I/O 分配表如表 2-8 所列。

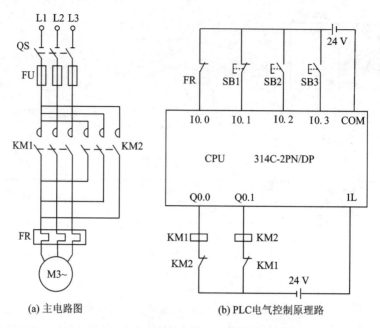

(a) 主电路图　　　　(b) PLC电气控制原理路

图 2-6　电机正反转 PLC 控制原理图

表 2-8　三相异步电机正、反转控制的 I/O 分配表

外部电器	输入端口对应输入点	作 用	外部电器	输出端口对应输出点	作 用
SB1	I0.1	停止按钮	KM1	Q0.0	正转接触器
SB2	I0.2	正启动按钮	KM2	Q0.1	反转接触器
SB3	I0.3	反启动按钮			
FR	I0.0	热继常闭触点			

依据 I/O 分配表，在 PLC 中编辑符号表如图 2-7 所示。

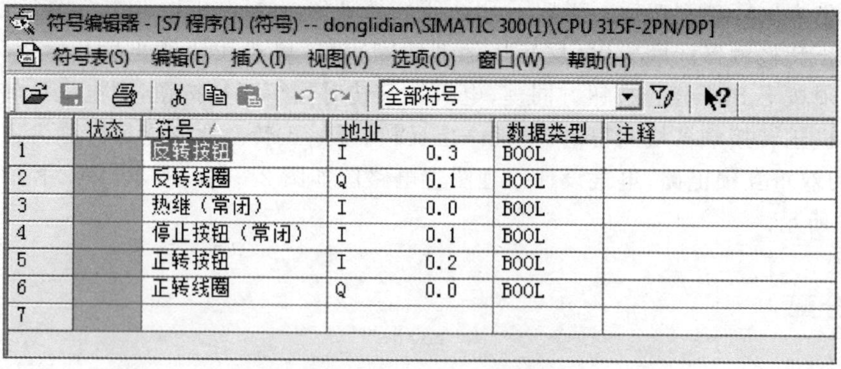

图 2-7　PLC 控制系统的符号表

五、程序编写

1. 程序一

程序一是应用常开、常闭触点及线圈输出指令实现,具体如表 2-9 所列。

表 2-9 程序一指令

程　序	说　明
（正反转程序段 1 的梯形图：I0.2"正转按钮"与 Q0.0"正转线圈"并联后，串联 I0.1"停止按钮（常闭）"、I0.0"热继（常闭）"、Q0.1"反转线圈"、I0.3"反转按钮"，输出 Q0.0"正转线圈"）	正反转程序段 1
（正反转程序段 2 的梯形图：I0.3"反转按钮"与 Q0.1"反转线圈"并联后，串联 I0.1"停止按钮（常闭）"、I0.0"热继（常闭）"、I0.2"正转按钮"、Q0.0"正转线圈"，输出 Q0.1"反转线圈"）	正反转程序段 2

2. 程序二

程序二是利用复位优先型触发器指令实现,具体程序如表 2-1 所列。

表 2-10 程序二指令

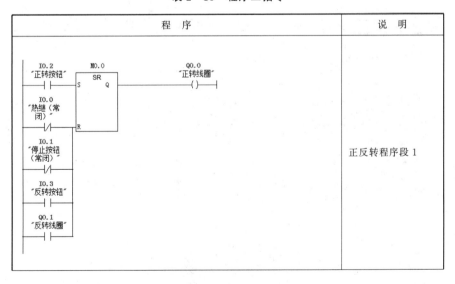

续表 2-10

程序	说明
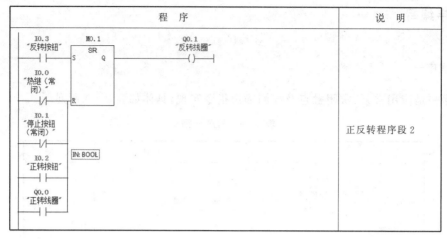	正反转程序段 2

六、仿真调试运行

如果在不连接现场 PLC 硬件的情况下进行程序的调试,可以通过仿真软件 PLCSIM 来进行,打开仿真器后进行输入点的模拟,步骤如表 2-11 所列。

表 2-11 仿真调试运行步骤

序号	示意图	步骤说明
1		单击仿真器图标
2	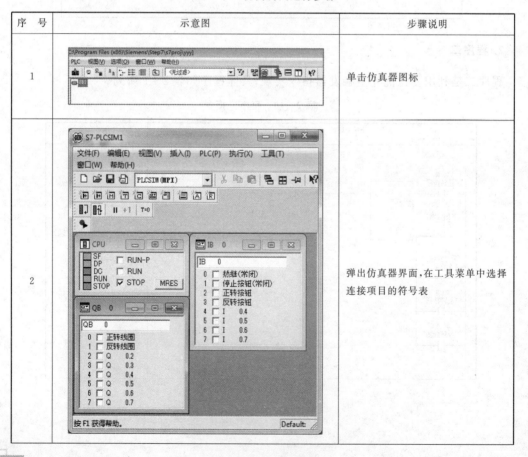	弹出仿真器界面,在工具菜单中选择连接项目的符号表

续表 2-11

序 号	示意图	步骤说明
3		将 CPU 设置为 RUN，改变输入点模拟运行

这样，通过 PLCSIM 仿真软件就可以在没有连接 PLC 硬件的前提下模拟 PLC 控制电动机可逆连续运行的过程。

任务三　PLC 控制电动机星-角启动

【任务描述】

当电动机容量较大时，不允许直接启动，应采用降压启动。降压启动的目的是降低启动电流，常用的降压启动方式有星-角降压启动、定子回路串电阻降压启动。目前市场上也有软启动器等相关设备，可以更节能。Y-△降压启动的含义是指电动机启动时，先把转子绕组接成Y 形连接启动，以降低启动电压、限制启动电流，经几秒后，再把转子绕组切换成△形连接，使电动机全压运行。本次任务的主要目的是了解电动机星-角启动的原理及掌握 PLC 控制三相异步电动机星-角启动的编程方法。

【知识储备】

1. 定时器的结构

STEP 7 中定时时间由时基和定时值两部分组成，定时时间等于时基与定时值的乘积。当定时器运行时，定时值不断减 1，直至减到 0，减到 0 表示定时时间到。定时时间到后，会引起定时器触点的动作。

定时器的第 0 到第 11 位存放 BCD 码格式的定时值，三位 BCD 码表示的范围是 0~999。第 12,13 位存放二进制格式的时基，存储位如图 2-8 所示。

从表 2-12 中可以看出：时基小定时分辨率高，但定时时间范围窄；时基大分辨率低，但定时范围宽。

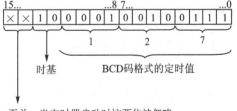

图 2-8　定时器存储位示意图

表 2-12 时基对应图

时基	二进制时基	分辨率	定时范围
10 s	00	0.01 s	10 ms~9 s_990 ms
100 ms	01	0.1 s	100 ms~1 m_39 s_900 ms
1 s	10	1 s	1 s~16 m_39 s
10 s	11	10 s	10 s~2 h_46 m_30 s

当定时器启动时,累加器1低字的内容被当作定时时间装入定时字中。这一过程是由操作系统控制自动完成的,用户只需给累加器1装入不同的数值,即可设置需要的定时时间。

推荐采用下述直观的句法:

      L W#16#txyz

其中:t,x,y,z 均为十进制数;

   t=时基,取值 0,1,2,3,分别表示时基为 10 ms、100 ms、1 s、10 s;

   xyz=定时值,取值范围为 1~999。

定时器预置值在梯形图中,必须使用"S5T#"格式的时间预置值。可直接使用 S5 中的时间表示法装入定时数值,例如:

      L S5T#aH_bbM_ccS_dddMS

其中:a 为小时,bb 为分钟,cc 为秒,ddd 为毫秒。

定时器的定时范围为从 1ms~2H_46M_30S;此时,时基是自动选择的,原则是根据定时时间选择能满足定时范围要求的最小时基。

S7-300 提供了多种形式的定时器:脉冲定时器(S_PULSE,简称 SP)、扩展脉冲定时器(S_PEXT,简称 SE)、接通延时定时器(S_ODT,简称 SD)、带保持的接通延时定时器(S_ODTS,简称 SS)和断电延时定时器(S_OFFS,简称 SF)。

定时器的启动信号 I0.0 变为 1 时,SP 定时器、SE 定时器、SD 定时器、SS 定时器、SF 定时器的工作状态如图 2-9 所示。

2. 脉冲定时器(S_PULSE)

脉冲定时器应用实例如图 2-10 所示。

① S 端为启动信号,当 S 端出现上升沿时,启动指定的定时器;

② R 为复位端,当 R 端出现上升沿时,定时器复位,当前值清零;

③ TV 为设定时间输入,最大设定时间为 9990S,输入格式必须是 S5 系统时间格式;

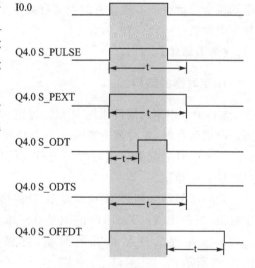

图 2-9 定时器工作状态图

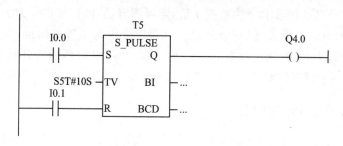

图 2-10 脉冲定时器应用图

④ Q 端为定时器输出,定时器启动后,剩余时间非 0 时,Q 输出位 1;定时器停止或剩余时间为 0 时,Q 输出位 0。该端可以连接位存储器,也可以悬空。

⑤ BI 为剩余时间显示或输出,采用十六进制形式显示,如 16♯0012。该端口可以连接各种字存储器,如 MW2,也可以悬空。

⑥ BCD 为剩余时间显示或输出,BCD 码格式,采用 S5 系统时间格式,如 S5T♯2H2M2S,该端口可以连接各种字存储器,如 MW10 等,也可以悬空。

图 2-10 所对应的 STL 语句表如下:

```
A    I 0.0
L    S5T♯10s      \\装入定时时间到 ACCU1
SP   T5           \\启动脉冲定时器 T5
A    I 0.1
R    T 5          \\定时器 T5 复位
A    T 5
=    Q 4.0
```

FBD 功能图程序如图 2-11 所示。

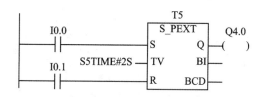

图 2-11 脉冲定时器 FBD 方式编程图

FBD 时序图如图 2-12 所示。

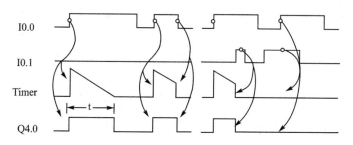

图 2-12 脉冲定时器工作时序图

工作过程为:当启动信号 I0.0 由 0 变 1 后,定时器开始计时,输出变为 1 状态,输出为 1 的时间与输入为 1 的时间一样长,但不会超过定时器所设定的预置时间值,无论何时只要 R 端信号的 RLO 值出现上升沿,则定时器立即停止工作,并使定时器的常开触点断开,Q 端输出复位为 0,同时将剩余时间值清零。

3. 扩展脉冲定时器(S_PEXT)

扩展脉冲定时器(Extended Pulse Timer)是扩展脉冲 S5 定时器的简称,其指令有两种形式:块图指令和 LAD 环境下的定时器线圈指令,符号内各端子的含义同脉冲定时器。

扩展脉冲定时器指令应用示例如图 2-13 所示。

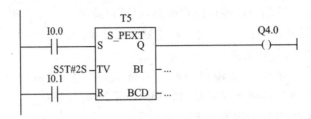

图 2-13 扩展脉冲定时器应用示例

其所对应的语句表指令如下:

```
A    I 0.0
L    S5T#2s        \\装入定时时间到 ACCU1
SE   T5            \\启动扩展脉冲定时器 T5
A    I 0.1
R    T 5           \\定时器 T5 复位
A    T 5
=    Q 4.0
```

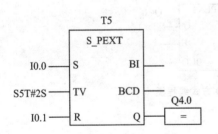

图 2-14 扩展脉冲定时器 FBD 编程示意图

FBD 功能图如图 2-14 所示。

扩展脉冲定时器工作时序如图 2-15 所示。从图中可以看出:只要输入信号有一个从 0 到 1 的变化,定时器就一直计时,接通的时间通过指令给定的时间来限制。如果在定时结束之前,S 端信号的 RLO 又出现一次上升沿,则定时器重新启动。定时器一旦运行,其常开触点就闭合,同时 Q 端输出为 1。无论何时,只要 R 信号的 RLO 出现上升沿,定时器就立刻复位,并使定时器的常开触点断开,Q 端输出为 0,同时将剩余时间清零。

扩展脉冲定时器 SE 与脉冲定时器 SP 不同,SE 定时功能与启动信号的宽度无关,即扩展脉冲定时器在输入脉冲宽度小于时间设定值时,也能输出指定宽度脉冲。

4. 接通延时定时器 (S_ODT)

接通延时定时器(S_ODT)是接通延时 S5 定时器的简称,其指令有两种形式:块图指令和 LAD 环境下的定时器线圈指令,符号内容端子的含义同脉冲定时器。接通延时定时器应用示

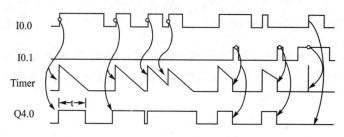

图 2-15　扩展脉冲定时器时序图

例如图 2-16 所示。

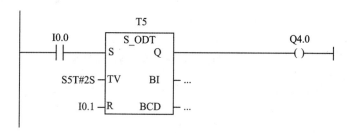

图 2-16　接通延时定时器编程图

接通延时定时器 STL 语句表如下：

```
A    I 0.0
L    S5T#2s      \\装入定时时间到 ACCU1
SD   T5          \\启动延时接通定时器 T5
A    I 0.1
R    T5          \\定时器 T5 复位
A    T5
=    Q 4.0
```

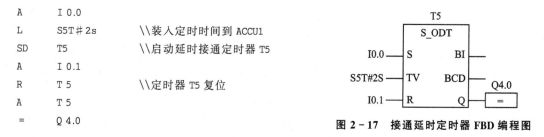

图 2-17　接通延时定时器 FBD 编程图

FBD 功能图如图 2-17 所示。

时序图如图 2-18 所示，当启动信号接通后定时器开始倒计时，经过指令给定的时间后，输出接通并保持，如果启动信号断开时，输出也同时断开，如果输入信号接通时小于指令给定的时间，则定时器没有输出，这种定时方式完全等同于延时接通时间继电器。无论何时，只要 R 信号的 RLO 出现上升沿，定时器就立刻复位，并使定时器的常开触点断开，Q 端输出为 0，同时将剩余时间清零。

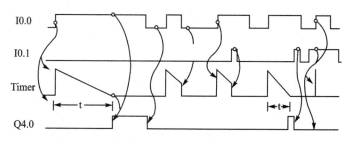

图 2-18　接通延时定时器时序图

5. 保持型接通延时定时器(S_ODTS)

保持型接通延时定时器(S_ODTS)是保持型接通延时 S5 定时器的简称,其指令有两种形式:块图指令和 LAD 环境下的定时器线圈指令,符号内容端子的含义同脉冲定时器。保持型接通延时定时器应用示例如图 2-19 所示。

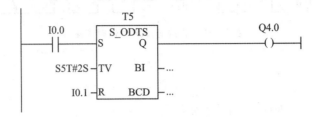

图 2-19　保持型接通延时定时器编程图

保持型接通延时定时器上述梯形图所对应的 STL 语句表如下:

```
A    I 0.0
L    S5T#2s        \\装入定时时间到 ACCU1
SS   T5            \\启动保持型延时接通定时器 T5
A    I 0.1
R    T 5           \\定时器 T5 复位
A    T 5
=    Q 4.0
```

FBD 功能图如图 2-20 所示。

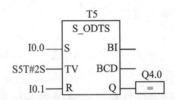

图 2-20　保持型接通延时定时器 FBD 编程图

时序图如图 2-21 所示:当启动信号接通后,定时器开始倒计时,若指令给定的时间未到,输入信号断开,定时器仍继续计时,相当于锁住输入信号,直到给定时间到。只要定时时间到,不管 R 信号的 RLO 信号出现任何状态,定时器都会保持停止状态,并使定时器的常开触点闭合。Q 端输出为 1,如果在定时结束之前,S 信号的 RLO 出现上升沿,则定时器以设定的时间

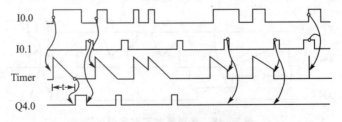

图 2-21　保持型接通延时定时器时序图

值重新启动,无论何时,只要 R 信号的 RLO 出现上升沿,定时器就立刻复位,并使定时器的常开触点断开;Q 端输出为 0,同时将剩余时间清零。

6. 关断延时定时器(S_OFFDT)

断开延时定时器(S_OFFDT)是断开延时 S5 定时器的简称,其指令有两种形式:块图指令和 LAD 环境下的定时器线圈指令,符号内容端子的含义同脉冲定时器。关断延时定时器应用示例如图 2-22 所示。

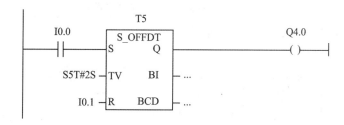

图 2-22 关断延时定时器编程示意图

断开延时定时器应用梯形图所对应的 STL 语句表如下:

```
A     I 0.0
L     S5T#2s        \\装入定时时间到 ACCU1
SF    T5            \\启动关断延时接通定时器 T5
A     I 0.1
R     T 5           \\定时器 T5 复位
A     T 5
=     Q 4.0
```

FBD 功能图如图 2-23 所示。

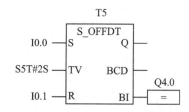

图 2-23 关断延时定时器 FBD 编程图

时序图如图 2-24 所示:当输入信号接通时,输出立刻接通。当输入信号断开时,定时器开始倒计时,计时时间到则输出断开。如果断开时间小于定时时间,则该输入信号断开时间内不改变输出,输出信号断开延时要等到下一次输入信号断开才有效。无论何时,只要 R 信号的 RLO 出现上升沿,定时器就立刻复位,并使定时器的常开触点断开,Q 端输出为 0,同时将剩余时间清零。

例 2-11:风机延时关闭控制。

按下启动按钮 I0.0,风机 Q0.0 立刻启动,延时 30 min 后自动关闭。若启动后按下停止按钮 I0.1,风机立刻停止。为简化例题内容,故此例未考虑热继电器,读者根据实际情况自行设计,以后例题相同。

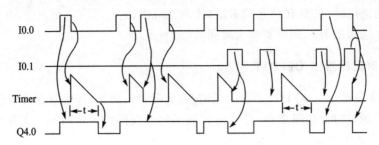

图 2-24 关断延时定时器时序图

风机延时关闭控制程序如图 2-25 所示。

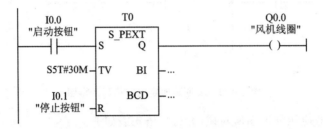

图 2-25 风机延时关闭控制程序

例 2-12：报警指示灯控制过程。

若电动机过载 FR 常闭触点动作，即触点 I0.0 断开，电动机过载报警指示灯 Q0.0 以灭 2 s 亮 1 s 规律交替运行。

报警指示灯控制程序如图 2-26 所示。

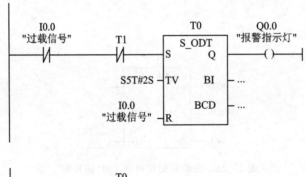

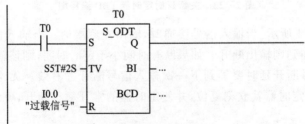

图 2-26 报警指示灯控制程序

例 2-13：电动机顺序启动控制。

按下启动按钮 I0.0，第一台电动机 Q0.0 立刻启动，10s 后第二台电动机 Q0.1 立刻启动。

若按下停止按钮 I0.1,两台均立刻停止。

示例程序如下图 2-27 所示。

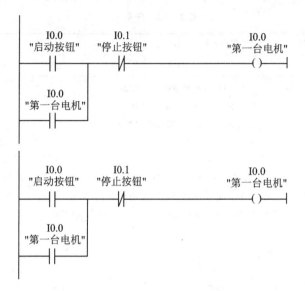

图 2-27　电动机顺序启动控制程序

例 2-14:电动机逆序停止控制。

按下启动按钮 I0.0,第一台电动机 Q0.0 和第二台电动机 Q0.1 立刻启动。若按下停止按钮 I0.1,第二台电动机 Q0.1 立即停止,15 s 后第一台电动机 Q0.0 停止。

示例程序如图 2-28 所示。

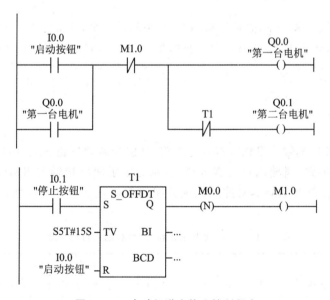

图 2-28　电动机逆序停止控制程序

【任务实施】

本任务的任务书见表 2-13。

表 2-13 任务书

任务名称	PLC 控制电动机星-角启动				
班级		姓名		组别	
任务目标	① 掌握电机星-角启动的控制原理 ② 掌握 PLC 控制系统的 I/O 分配 ③ 掌握 S7-300 的定时器编程指令 ④ 掌握程序的编写与调试				
任务内容	根据实训任务的要求,设计三相异步电机星-角启动的控制原理图的设计,并根据 PLC 控制原理图正确接线,对控制系统进行 I/O 分配,建立项目,编写符号表及程序,并进行软件仿真调试运行				
资料		工具		设备	
STEP 7 使用手册 S7-300CPU 31xC 和 CPU 31x 技术规范		电工工具		计算机 PLC 一套	

一、原理图设计

主回路需要空气开关 1 个,直流接触器 3 个,熔断器 3 个,热继电器 1 个;控制回路需要常闭按钮 1 个,常开按钮 1 个,熔断器 1 个。按照星—角启动的原理设计的 PLC 控制原理图如图 2-29 所示。

二、I/O 分配表

根据原理图,PLC 的数字量输入点数有 3 路,分别为启动按钮 SB1,停止按钮 SB2,FR 热继常闭触点;PLC 的数字量输出点数有 3 路,分别为定子回路接触器 KM1,星型启动接触器 KMY,三角形启动接触器 KM△,对控制系统分配的 I/O 表如表 2-14 所示。PLC 系统符号表如图 2-30 所示。

表 2-14 PLC 控制电动机星-角启动 I/O 分配表

输入端口			输出端口		
输入元件	作用	输入继电器	输出元件	控制对象	输出继电器
SB1	启动按钮	I0.0	KM1	定子电源	Q0.0
SB2	停止按钮	I0.1	KM△	三角形运行	Q0.2
FR	过载保护	I0.2	KMY	星形启动	Q0.1

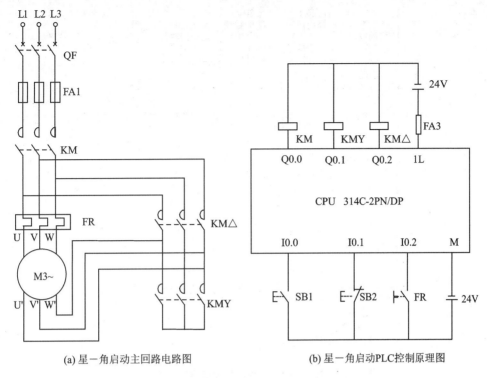

(a) 星一角启动主回路电路图　　(b) 星一角启动PLC控制原理图

图 2－29　PLC 控制星-角启动原理图

符号编辑器 - [S7 程序(1) (符号) -- 书稿用2\SIMATIC 300(1)\CPU 315F-2 PN/DP]

符号表(S)　编辑(E)　插入(I)　视图(V)　选项(O)　窗口(W)　帮助(H)

全部符号

	状态	符号	地址		数据类型	注释
1		KM1	Q	0.0	BOOL	定子接触器
2		KM△	Q	0.2	BOOL	角型连接
3		SB1	I	0.0	BOOL	启动按钮
4		FR	I	0.2	BOOL	热继触点（常闭）
5		SB2	I	0.1	BOOL	停止按钮（常闭）
6		KMY	Q	0.1	BOOL	星型连接

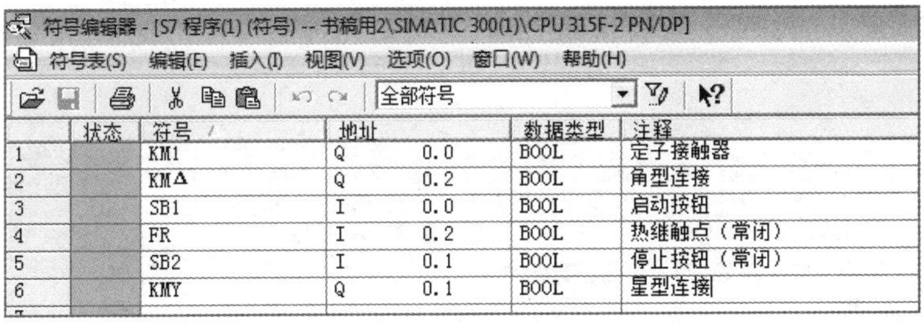

图 2－30　PLC 系统

三、程序设计

程序设计如图 2－31 所示。控制功能如下：当按下启动按钮 SB1 时，定子接触器和星型连接接触器均接通，电动机绕组呈现星型连接状态，因而启动电流较小。同时启动定时器 T1，当 3 s 后，定时器定时时间到，T1 定时器置 1，T1 常闭触点断开，星型连接 Q0.1 断开，同时由于 T1 常开触点闭合，角型连接接触器闭合，电动机转为三角形连接运行状态。

四、仿真运行

在硬件调试之前，可以先通过 PLCSIM 仿真软件测试程序正确与否。打开 PLC 仿真器，

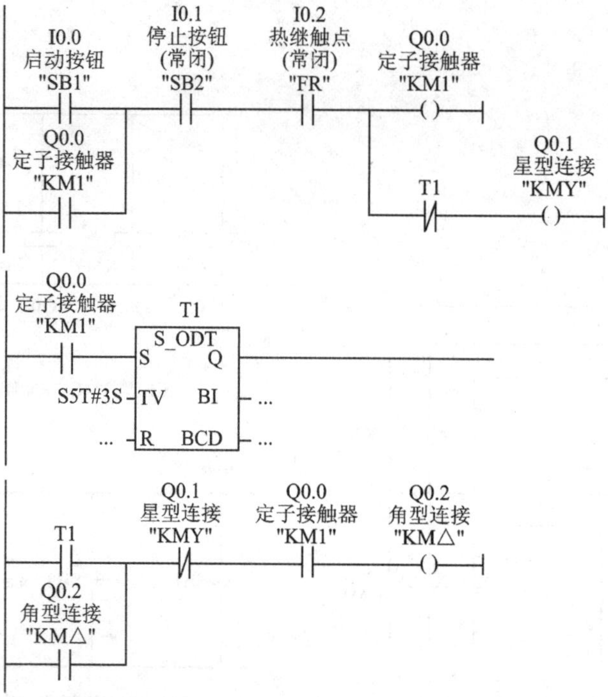

图 2-31 星-角启动控制程序图

选择插入垂直位,然后分别设置地址为 IB0,QB0,如图 2-32 所示,在工具菜单中选项一栏,选择连接符号,将本项目的符号表连接进仿真器,即可对照控制过程仿真星-角启动的 PLC 控制程序。

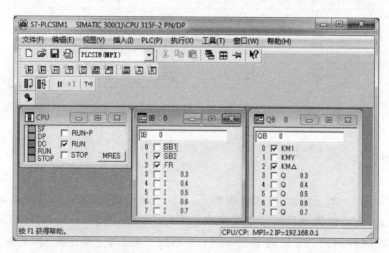

图 2-32 仿真示意图

【项目评价】

该项目的学生自评表见表 2-15,学生互评表见表 2-16,教师评价表见表 2-17。

表 2-15 学生自评表

项目二电动机的 PLC 基本控制编程应用			
班级	姓名	学号	组别
评价项目	评价内容		评价结果
专业能力	能够正确安装编程软件 STEP7 和仿真软件 PLCSIM		
	能够熟练使用编程软件和仿真软件		
	能够掌握 PLC 控制电动机可逆连续运行的编程调试和仿真		
	能够掌握 PLC 控制电动机星-角启动的编程调试和仿真		
方法能力	能够遵守电气安全操作规程		
	能够查阅 PLC 相关手册		
	能够正确选择、使用工具		
	能够对自己的学习情况进行总结		
社会能力	能够积极与小组内同学交流讨论		
	能够正确理解小组任务分工		
	能够主动帮助他人		
	能够正确认识自己错误并改正		
自我评价与反思			

表 2-16 学生互评表

项目二电动机的 PLC 基本控制编程应用				
被评价人	班级	姓名	学号	组别
评价人				
评价项目	评价内容			评价结果
专业能力	能够正确安装编程软件 STEP7 和仿真软件 PLCSIM			
	能够熟练使用编程软件 STEP7 和仿真软件 PLCSIM			
	能够掌握 PLC 控制电动机可逆连续运行的编程调试和仿真			
	能够掌握 PLC 控制电动机星-角启动的编程调试和仿真			

续表 2-16

方法能力	遵守电气安全操作规程情况	
	查阅 PLC 手册情况	
	使用工具情况	
	对任务完成总结情况	
社会能力	团队合作能力	
	交流沟通能力	
	乐于助人情况	
	学习态度情况	
综合评价		

表 2-17 教师评价表

项目二电动机的 PLC 基本控制编程应用				
被评价人	班级	姓名	学号	组别
评价项目	评价内容		评价结果	
专业知识掌握情况	充分理解项目的要求及目标			
	STEP7 和仿真软件 PLCSIM 的安装情况			
	STEP7 和仿真软件 PLCSIM 使用的掌握情况			
	电动机可逆连续运行和电动机星-角启动进行 PLC 编程的掌握情况			
任务实操及方法掌握情况	安全操作规程掌握情况			
	安装 STEP7 和仿真软件 PLCSIM 情况			
	使用 STEP7 和仿真软件 PLCSIM 进行编程和仿真情况			
	查阅 PLC 手册情况			
	使用工具情况			
	任务完成总结情况			
社会能力培养情况	积极参与小组讨论			
	主动帮助他人			
	善于表达及总结发言			
	认识错误并改正			
综合评价				

【思考题】

① PLC 内部的"软继电器"能提供多少个触点供编程使用？

② 输入继电器有无输出线圈？

③ PLC 能用于工业现场的原因是什么？

④ 继电器控制系统与 PLC 控制系统的区别是什么？

⑤ S7-300 的紧凑型 CPU 有什么特点？有哪些集成的硬件和集成的功能？

⑥ 交流数字量输入模块与直流数字量输入模块分别适用于什么场合？

⑦ 使用 S7-300 紧凑型 CPU 的本机模块设计两地均能控制同一台电动机的启动和停止的程序。

⑧ 编写程序：两台电动机的顺序启动和逆序停止控制，即按下启动按钮，第一台电动机立即启动，10 s 后第二台电动机启动；按下停止按钮时，第二台电动机立即停止，15 s 后第一台电动机停止。

⑨ 编写程序：跑马灯控制，按下启动按钮 HL1 指示灯亮，1 s 后变为 HL2 指示灯亮，1 s 后又变为 HL3 指示灯亮，如此往下进行，当 HL4 指示灯亮 1 s 后，HL1 指示灯又开始新一轮点亮，1 s 后变为 HL2 指示灯亮，如此循环。无论何时按下停止按钮指示灯全部熄灭。

⑩ 编写程序：三组抢答器控制，要求在主持人按下开始按钮后方可抢答，某组抢答成功后本台前的指示灯亮，同时其他组不能抢答，如果主持人按下开始按钮 10 s 内无组抢答，则再抢答无效。

项目三　工业机器人基本认识与使用

　　工业机器人是面向工业领域的多关节机械手或多自由度的机器装置,它能自动完成工作,凭靠自身动力和控制能力来实现各种功能。工业机器人可以听从人的指挥,也可以按照预先编排的程序运行,现代的工业机器人还可以根据人工智能技术制定的纲领行动。

　　工业机器人一般具有可编程和通用性的特点,可以在很大程度上提高生产效率,节约人力成本,提高产品合格率,并且具有较高的安全系数,工业自动化的发展主要依赖于工业机器人的发展和应用的普及。

　　业内通常将工业机器人分为日系和欧系。日系工业机器人的代表品牌有安川(MOTO-MAN)、OTC、松下、发那科(FANUC)、三菱、不二越、川崎等公司;欧系工业机器人的代表品牌有德国的 KUKA、CLOOS,瑞典的 ABB,意大利的 COMAU,奥地利的 IGM 等。

　　全球工业机器人最大的四个品牌分别是 ABB、FANUC、MOTOMAN、KUKA。各品牌机器人均有其特点,以 KUKA、ABB 为代表的欧系机器人具有重复定位精度高、手臂刚性好、使用寿命长的特点,其源程序开放,有利于系统集成商进行二次开发,但价格较高;以 FANUC、MOTOMAN 为代表的日系机器人,性价比较高,定位精度能满足设计的使用要求但相较欧系要差,刚性弱于欧系机器人,使用寿命相对较短,同时程序开放性较差。

任务一　ABB 工业机器人分类与应用

【任务描述】

　　ABB 公司是工业自动化领域的巨头,了解 ABB 企业发展历程、企业文化和企业优势,对于国内工控企业的发展有一定的借鉴作用。ABB 工业机器人是目前世界上应用最广的工业机器人之一,以 ABB 工业机器人作为切入点,学习工业机器人和 PLC 在自动生产线中的应用是本书的主要目的。本任务将对 ABB 工业机器人进行简单介绍。

【知识储备】

一、ABB 公司简介

　　ABB 公司的全名是 Asea Brown Boveri,由两家拥有 100 多年历史的国际性企业——瑞典的阿西亚公司(ASEA)和瑞士的布朗勃法瑞公司(BBC Brown Boveri)在 1988 年合并而成,集团总部位于瑞士苏黎世。ABB 公司是全球电力和自动化技术领域的领导企业,致力于为电力、工业、交通和基础设施客户提供解决方案,帮助客户提高生产效率和能源效率,同时降低对环境的不良影响。ABB集团业务遍布全球100多个国家,拥有近15万名员工,2016年的销售收入超过330亿美元,是名副其实的工业巨头。ABB公司在1995年正式注册了投资性控股公司——ABB(中国)有限公司。

ABB工业机器人的生产研发已有40多年的历史,在全球拥有30多万套机器人的安装经验。作为工业机器人的先行者和世界领先的机器人制造厂商,ABB公司在瑞典、挪威和中国等地设有7个研发中心,并在全球多地设有机器人生产基地。ABB于1969年售出全球第一台喷涂机器人,并于1974年发明了世界上第一台工业电动机器人。目前,ABB公司拥有当今最多种类、最全面的机器人产品、技术和服务。

二、ABB机器人的中国化历程

ABB机器人早在1979年就在北京设立办事处,并于1994年将中国的总部迁入北京。经过20多年的发展,ABB已逐步形成了包括白车身、冲压自动化、动力总成和涂装自动化在内的四大系统,正为各大汽车整车厂和零部件供应商以及消费品、铸造和金属加工等工业提供越来越全面、完善的服务。基于"根植本地,服务全球"的经营理念,ABB将其在中国研发、制造的产品销往全球各地,同时通过在中国进行的全球采购计划,为世界各地的ABB子公司服务。

经过多年的快速发展,ABB在中国已拥有40家企业,在147个城市设有销售与服务分公司及办事处,拥有研发、生产、工程、销售与服务全方位业务,员工人数约1.8万名。2015年,ABB在中国的销售收入超过330亿元人民币,其中90%以上来源于本土制造的产品、系统和服务,使ABB集团保持了其作为全球第二大市场的地位。秉持"在中国,为中国和世界"的发展战略,ABB积极推动技术研发的本土化,通过持续投入和优化研发布局不断提高本土研发与创新能力。2005年,ABB在中国建立了全球7大研发中心之一。

凭借全球领先的产品技术和解决方案,ABB参与了包括南水北调、西电东送、青藏铁路、北京奥运会和上海世博会场馆等众多国家重点项目的建设。ABB以智能技术不断帮助客户节能增效并提高生产效率,为国家实现电力、工业、交通和基础设施升级做出了贡献,实现进入产业链高附加值和建设美好生态环境的智慧跨越。

随着中国工业行业的迅猛发展,第二产业对工业机器人的需求量也日益增加,ABB通过不断研发适合市场需求的机器人自动化解决方案,帮助客户提高生产效率、改善产品质量、提升安全水平。在中国,ABB不仅服务于诸多知名跨国公司,而且正与越来越多的本土优秀企业,如吉利、长城汽车、比亚迪、上汽集团、一汽集团、富士康、娃哈哈、蒙牛等建立起越发密切的联系。

三、ABB工业机器人家族

ABB是全球领先的工业机器人供应商,提供机器人产品、模块化制造单元及服务,致力于帮助客户提高生产效率、改善产品质量、提升安全水平。ABB在世界范围内安装了超过30万台机器人。作为机器人技术的开拓者和领导者,ABB拥有当今种类最多、最全面的机器人产品,应用范围包括装配、搬运、上下料、喷涂、包装、焊接、装配、去毛刺、切割以及研磨/抛光等行业。

在结构方面,ABB工业机器人由机器人本体和控制器两部分组成,如图3-1所示。ABB工业机器人的控制器根据不同的需求有标准型、紧凑型和嵌装型等不同类型,机器人本体根据不同的任务目标也有负载能力、工作半径、运行速度等方面的区别。

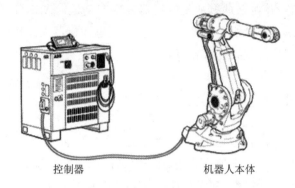

图3-1 ABB工业机器人组成

1. ABB工业机器人分类

ABB机器人的常规型号包括IRB1400、IRB2400、IRB4400、IRB6400和IRB6600。其中,IRB是指ABB标准机器人,第一位数(1、2、4、6)是指机器人大小,第二位数(4)是指机器人属于S4以后的系统。无论何种型号的机器人,都表示机器人本体特性,适用于任何机器人控制系统。

ABB工业机器人应用较为广泛的几种主要型号的机器人的特点及图示见表3-1。

表3-1 ABB常见机器人型号与特点

IRB120			
	主要应用	荷重(kg)	
		3	
		工作范围(m)	
		0.58	
	装配、上下料、物料搬运、包装/涂胶	防护等级	
		IP30	
		安装方式	
		地面、悬挂、倒置、任意角度	
		重复定位精度(mm)	
		0.01	

续表 3-1

	IRB1500		
	主要应用	荷重(kg)	
		4	
		工作范围(m)	
	弧 焊	1.50	
		防护等级	
		IP40	
		安装方式	
		地面、倒置	
		重复定位精度(mm)	
		0.05	
	IRB1600-6/1.2		
	主要应用	荷重(kg)	
		6	
		工作范围(m)	
	弧焊,装配、清洁/	1.20	
	喷雾、取件、上下	防护等级	
	料、物料搬运、包装	IP54	
		安装方式	
		地面、墙壁、悬挂、倒置、任意角度、支架	
		重复定位精度(mm)	
	IRB4400/L10	0.02	
	主要应用	荷重(kg)	
		10	
		工作范围(m)	
	切割/去毛刺、模具	2.55	
	喷雾、挤胶、研磨/	防护等级	
	抛光	IP64	
		安装方式	
		地 面	
		重复定位精度(mm)	
		0.05	

续表 3-1

IRB6620		
主要应用	荷重(kg)	
装配、清洁/喷雾、切割/去毛刺、挤胶、研磨/抛光、上下料、物料搬运、包装/码垛、弯板机上下料、点焊	150	
	工作范围(m)	
	2.20	
	防护等级	
	IP54、IP67	
	安装方式	
	地面、悬挂、倒置、任意角度	
	重复定位精度(mm)	
	0.03	

IRB7600-325/3.1		
主要应用	荷重(kg)	
装配、切割/去毛刺、研磨/抛光、上下料、物料搬运、弯板机上下料、点焊	325	
	工作范围(m)	
	3.10	
	防护等级	
	IP67	
	安装方式	
	地面	
	重复定位精度(mm)	
	0.10	

IRB360-1/1130		
主要应用	荷重(kg)	
装配、上下料、物料搬运、包装/涂胶	1	
	工作范围(m)	
	1.13	
	防护等级	
	IP54/67/IP69K	
	安装方式	
	悬挂	
	重复定位精度(mm)	
	0.10	

续表 3-1

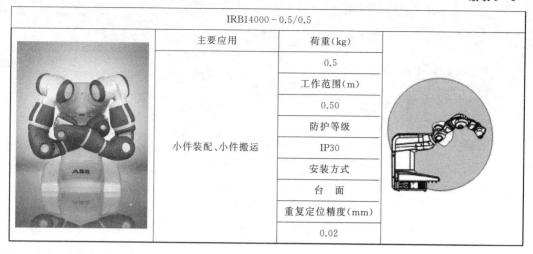

	IRB14000-0.5/0.5	
主要应用	荷重(kg)	
	0.5	
	工作范围(m)	
小件装配、小件搬运	0.50	
	防护等级	
	IP30	
	安装方式	
	台　面	
	重复定位精度(mm)	
	0.02	

2. ABB 工业机器人控制器分类

ABB 工业机器人控制器拥有卓越的运动控制功能，可快速集成附加硬件。其中 IRC5 是 ABB 第五代机器人控制器，基于先进动态模型技术优化了机器人性能，融合了物理上可能的最短节拍时间(TrueMove)和最优异路径精度(QuickMove)等运动控制技术，对提升机器人性能，包括精度、速度、节拍时间、可编程性、外轴设备同步能力等，具有至关重要的作用。其他特性还包括配备触摸屏和操纵杆编程功能的 FlexPendant 示教器、灵活的 RAPID 编程语言及强大的通信能力。

RobotWare 是控制器的核心，所含选购插件可为机器人用户提供一系列丰富的系统功能，如多任务并行、对机器人传输文件信息、外部系统通信、先进运动任务等。

SafeMove 的问世是工业机器人摆脱原有束缚迈出的关键性一步，也为人机协作的实现奠定了基础。SafeMove 依照国际安全标准开发并通过相关测试，是一种基于电子/软件控制技术的解决方案，能严格确保机器人运动的安全性和可预测性。

ABB 工业机器人的控制器主要分为四类，包括 IRC5 单柜控制器、IRC5 紧凑型控制器、IRC5 面板嵌装式控制器和 IRC5P 喷涂机器人控制器。控制器的主要参数见表 3-2。

表 3-2　控制器参数

	IRC5 单柜控制器	
	尺寸(高×宽×深)(mm)	970×725×710
	电气接口	200～600 V,50～60 Hz
	防护等级	IP54,后隔间为 IP33
	IRB 机器人支持	全部机器人

续表 3-2

IRC5 紧凑型控制器		
	尺寸(高×宽×深)(mm)	310×449×442
	电气接口	220～230 V,50～60 Hz
	防护等级	IP20
	IRB 机器人支持	IRB 120,IRB 140,IRB260,IRB 360,IRB 1200,IRB 1410,IRB1600
IRC5 单柜控制器		
	尺寸(高×宽×深)(mm)	970×725×710
	电气接口	200～600 V,50～60 Hz
	防护等级	IP54,后隔间为 IP33
	IRB 机器人支持	IRB 120, IRB 140, IRB260, IRB 360, IRB 1200, IRB 1600, IRB 1520ID, IRB 2400, IRB 2600, IRB 4400, IRB 4600, IRB 6620, IRB 6640, IRB 6650S, IRB 7600, IRB 460, IRB 660, IRB 760
IRC5 喷涂机器人控制器		
	尺寸(高×宽×深)(mm)	1450×725×710
	电气接口	200～600 V,50～60 Hz
	防护等级	IP54,后隔间为 IP33
	IRB 机器人支持	喷涂机器人

3. 认识 IRB 120 机器人

IRB120 是由 ABB(中国)机器人研发团队在 2009 年 9 月推出的首款自主研发的新型 6 轴机器人,其具有体积小和速度快的特点,是 ABB 新型第四代机器人家族的最新成员。IRB120 具有敏捷、紧凑、轻量的特点,控制精度和路径精度都具有较高的水平,是物料搬运与装配应用的理想选择。

IRB120 的问世使 ABB 新型第四代机器人产品系列得到进一步延伸,其卓越的经济性与可靠性使其具有低投资、高产出的优势。IRB120 仅重 25 kg，荷重 3 kg（垂直腕为 4 kg），工作范围达 580 mm。IRB120 机器人具有高超的运动控制性能，有助于进一步提升生产效率。IRB120 手腕中心点工作范围如图 3-2 所示。

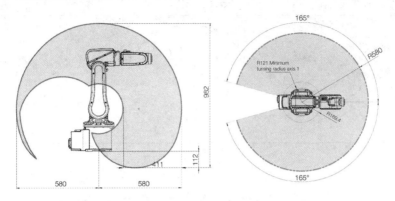

图 3-2　IRB120 手腕中心点工作范围

IRB120 的创新设计支持多种安装方式，无角度限制，在空间有限的条件下其优势尤为明显。该产品广泛适用于电子、食品饮料、机械、太阳能、制药、医疗、研究等领域，为小工件的处理和装配提供了一种低成本高效益的解决方案。

与 IRB120 配套使用的控制器是 IRC5 紧凑型控制器，改型"瘦身"后的 IRC5 紧凑型控制器集成了 IRC5 单柜控制器卓越的精度与运动控制功能。除节省空间外，还通过设置单相电源输入、外置式信号接头（全部信号）及内置式可扩展 16 路 I/O 系统，简化了调试步骤。

离线编程软件 RobotStudio 可用于生产工作站模拟，为机器人设定最佳位置；还可执行离线编程，避免发生代价高昂的生产中断或延误。

【任务实施】

本任务的任务书见表 3-3，任务完成报告书见表 3-4。

表 3-3　任务书

任务名称	ABB 工业机器人分类与应用				
班级		姓名		组别	
任务目标	① 了解 ABB 常用工业机器人的特性 ② 了解 ABB 工业机器人控制器的特点 ③ 掌握 ABB IRB120 工业机器人的特点				
任务内容	通过查阅 ABB 工业机器人手册，完成对 ABB 工业机器人的分类和特点总结				
资料		工具		设备	
《ABB 工业机器人手册》				IRB120 工业机器人	

表 3-4 任务完成报告书

任务名称	ABB 工业机器人分类与应用				
班级		姓名		组别	
任务内容					

任务二　工业机器人结构与主要参数

工业机器人从总体上讲可以分为机械部分、控制部分和传感部分。其中机械部分主要是指机器人的主体,即用于实现各种动作的执行机构,包括基座、臂部、腕部和手部,有的机器人还有行走机构;控制部分是工业机器人的核心组成部分,是工业机器人的"大脑",用于控制工业机器人完成动作,执行作业任务;传感部分是控制部分,是感知工业机器人工作环境和工作状态的传感装置的总称,用于感知内部和外部的信息。一般工业机器人有 3~6 个运动自由度,其中腕部通常有 1~3 个运动自由度,控制部分按照输入的程序对驱动系统和执行机构发出指令信号,对机械部分进行控制,并通过传感部分获取动作指令的执行状态。工业机器人的种类繁多,用户的用途和要求都不尽相同,但工业机器人的主要技术参数概括起来应包括自由度、精度、工作范围、最大工作速度和承载能力等。

【任务描述】

工业机器人是机械部分、控制部分和传感部分有机组合的整体,是在三大部分的分工合作协调运行的情况下完成工业生产任务的。因此,工业机器人的应用不仅要学习工业机器人的操作和用途,还需要了解工业机器人的组成、结构、参数等相关知识,加深对工业机器人的认识。本任务的目的就是对工业机器人的结构和参数进行介绍。

【知识储备】

一、机械部分

工业机器人的机械部分是指主体机构,又可以分为驱动系统和机械结构系统。

1. 驱动系统

驱动系统包括动力装置和传动机构,用以使执行机构产生相应的动作。工业机器人常用的驱动方式有液压驱动、气压驱动和电气驱动三种基本类型。这三种驱动方式又分直线型和旋转型。

在工业机器人出现的初期,由于其机械系统多采用杆机构中的曲柄机构、导杆机构、定滑块等,所以使用液压驱动和气压驱动方式较多。随着对机器人作业高速化、高精度的要求,电气驱动目前在机器人驱动中占主导之位。但因为三种驱动方式各有特点,所以三种驱动方式在工业机器人中的应用都比较普遍。

(1) 液压驱动的特点

液压驱动的输出压力约为 50~1 400 N/cm,多用于要求输出压力较大的工业机器人中。与气压驱动和电气驱动方式相比,液压驱动的驱动力(或驱动力距)较大,即功率重量比大,而且可以把工作液压缸直接作为关节的一部分,因此结构紧凑刚性好。

由于液体的不可压缩性,定位精度比气压驱动高,并可实现任意位置的停止。同时,液压驱动调速比较简单,能在很大的调整范围内实现无级调速,而且驱动平稳,系统的固有频率较高,可以实现频繁而平稳的变速和换向。在安全方面,安全阀的使用可简单而有效地防止过载现象发生,保护机器人和生产过程的安全。

液压驱动的主要缺点是:在低压驱动条件下比气压驱动速度低,油液容易泄漏,影响工作的可靠性与定位精度,而且造成环境污染,因此需要很好的保养和维护;在工作环境的温度发生变化时,油液粘度随温度变化,不但影响工作性能,而且造成高温与低温条件下工作困难,因此需要采取控制油温措施;在结构方面,液压驱动需要配备液压站以及复杂的管路,所以成本比比较高,油液中混入的气泡、水分等也会使系统的刚性变低,速度响应特性及定位精度变差。

(2) 气压驱动的特点

气压驱动在工业机器人中应用较多,使用的压力通常在 40~60 N/cm,最高可达 100 N/cm。气压驱动多用于输出压力小于 300 N 但要求速度快的驱动中,适用于易燃、易爆和灰尘大的场合。

压缩空气的黏性小,流速大,一般压缩空气在管路中的流速可达 180 m/s,而油液在管路中的流速仅为 2.5~4.5 m/s,所以气压驱动的快速性好,驱动源是由压缩空气站供应的压缩空气,气源方便,废气可直接排入大气而不会造成污染,比液压驱动环保。

气压驱动是一种无级变速的驱动方式,通过调节气量来实现。由于空气的可压缩性,气压驱动系统具有缓解作用,结构简单、易于保养、成本低等特点。

气压驱动的主要缺点是:由于气体工作压力偏低,所以功率重量比小,装置体积大,同时由于气体的压缩性,气压驱动很难保证较高的定位精度;另外,噪声污染也是气压驱动不可避免的问题,使用后的压缩空气向大气排放时会产生噪声;因压缩空气含有冷凝水,使得气压系统易锈蚀,在低温下由于冷凝水结冰,有可能造成动作困难。

(3) 电气驱动的特点

电气驱动是利用各种电动机产生的力矩和力直接或经过机械传动机构去驱动执行机构,以获得机器人的各种运动。电气驱动大致可分为普通电机驱动、直流伺服电机驱动、交流伺服电机驱动、步进电机驱动等。

① 普通电机驱动。在一些定位精度要求不高的机器人中,有时采用交流异步电机或直流

电机进行驱动。在需要调速时,交流电机可以采用 VVVF 或 PWM 变频调速;但是普通电机转子的转动惯量较大,反应灵敏度不如同功率的液压电动机及交直流伺服电机快。

② 直流伺服电机驱动。直流伺服电机分为有刷和无刷两种,其优点是:因转子转动惯量小,因而动态特性好,出力大,效率高,启动力矩大,调速范围宽。直流伺服电机的电枢和磁场都可以控制,并在很宽的速度范围内保持高的效率。

③ 交流伺服驱动。交流伺服电机驱动的优点是:除轴承外无机械接触点,故不存在有刷直流伺服电机因电刷接触造成电火花故障的缺点,适合在有易燃介质的环境中如喷漆机器人中的应用等。此外,交流伺服电机还有维护方便,控制比较容易,回路绝缘简单,漂移小,能量密度高等优点。

④ 步进电机驱动。步进电机又称脉冲电机,是数字控制系统中常用的一种执行元件,它能将脉冲电信号变换成相应的角位移或直线位移,电机转动的步数与脉冲数呈对应关系。在电机的负载能力内,此关系不受电源电压负载大小和环境条件的波动而变化,因此步进电机可以在很宽的范围内通过改变脉冲频率来调整,能快速启动、反转与制动。步进电机的脉冲速度增高,相应输出力矩减小,因而在大负载场合要采用功率型电机。步进电机一般采用开环控制,因此结构简单,位置与速度容易控制,响应速度快,力矩比较大,可以直接用数字信号控制,但是由于步进电机控制系统大多采用全开环控制方式,没有误差校正能力,其精度较差,负载过大或振动冲击较大时会造成失步现象,难以保证精度。

2. 机械结构系统

由于工业机器人的使用目的和使用环境不同,其构造形式也不同,目前应用的主要有固定式和移动式两大类。

固定式操作机的机体和机座是一个整体,其次是手臂、手腕和末端执行器等,移动式操作机除具有固定式操作机的机构外,还必须具有移动机构(或称行走机构),这种机构多采用在固定导轨上移动的轮式机构,对于一些特殊用途的工业机器人则采用履带式或步行式机构,如图 3-3 所示。

图 3-3 机器人机械结构

(1) 机　身

工业机器人的机身是指工业机器人机械结构中起支承作用的基座,固定式机器人的基座直接连接在地面基础上,移动式机器人的基座安装在移动机构上。

(2) 手　臂

工业机器人的手臂连接机身和手腕,主要改变末端执行器的空间位置。因为手臂在工作中直接承受腕、手和工件的静、动载荷,自身运动又较多,所以受力复杂。

手臂的长度要满足工作空间的要求。由于手臂的刚度、强度直接影响机器人的整体运动刚度,同时又要灵活运动,应尽可能选用高强度轻质材料,减轻其重量。在臂体设计中,也应尽量设计成封闭形和局部带加强肋的结构,以增加刚度和强度。

将工业机器人各部分连接在一起的机械结构称为关节,工业机器人的手臂一般包含3个关节,即拥有3个自由度。机器人常用的关节形式有回转关节和移动关节。回转关节由驱动器、回转轴和轴承组成,用来连接手臂与机座、手臂相邻杆件及手臂与手腕,并实现两构件间的相对回转(或摆动);移动关节由直线运动机构和直线导轨组成,在机器人中为满足高速、高精度的要求,常采用紧凑、低价的直线滚动导轨。为免除一般直线运动机构中因使用螺旋传动、齿轮传动等传动副而出现的机械误差,有些移动关节还采用了一种直线电机导轨结构,这种导轨在导轨盒内装有电机,它是由滚动导轨和直线电机组成的复合体。

根据工业机器人手臂的关节动作形式进行分类,工业机器人可以分为直角坐标型机器人、圆柱坐标型机器人、球形坐标机器人和关节型机器人。对于直角坐标式结构而言,它的手臂结构简单,容易达到位姿高精度,坐标计算和系统控制也较简单,但工作空间较小而且难于实现高速动作;球坐标和圆柱坐标结构都有绕立轴作回转的回转副,因此能获得较大的工作空间,坐标计算同样较简单,初期的工业机器人多是采用这种结构形式;关节式结构主要由回转关节组成,它在三维空间内能最有效地决定任意位置,适用于各种作业,是目前制造工业中采用最为广泛的一种,但是坐标计算和控制比较复杂、相比之下精度也较低。

(3) 手 腕

工业机器人的手腕是指连接机器人臂部和末端执行器的机械结构。手腕确定末端执行器的作业姿态,一般需要3个自由度,由3个回转关节组合而成,组合方式多样。手腕关节组合示意图如图3-4所示。

为了使手部能处于空间任意方向,要求腕部能实现对空间3个坐标轴X轴、Y轴和Z轴的转动。回转方向分为3种:"臂转"是绕小臂轴线方向的旋转,"手转"是使末端执行器绕自身的轴线旋转,"腕摆"是使手部相对臂部的摆动。

腕部结构的设计要求传动灵活、结构紧凑轻巧、能够防止干扰。多数机器人将腕部结构

图3-4 手腕关节组合示意图

的驱动部分安排在小臂上。首先设法使几个电动机的运动传递到同轴旋转的心轴和多层套筒上去,运动传入腕部后再分别实现各个动作。

(4) 手部(末端执行器)

手部是机器人的作业工具。它既包括抓取工件的各种抓手、取料器、专用工具的夹持器等,也包括部分专用工具,如拧螺钉、螺母机、喷枪、焊枪、切割头、测量头等。

工业机器人的手部就像人的手爪一样,具有灵活的运动关节,能够抓取各种各样的物品。但是,因为机械手的手部是根据所抓物品量身定做的,所以机械手的手部会因抓取的工业用品体型、材料、重量等因素的不同而不同。

工业机器人的手部也称工业机器人的手爪,是最重要的执行机构,从功能和形态上看,它可分为工业机器人的手部和仿人机器人的手部。常用的抓手按其握持原理可以分为夹持类和

吸附类两大类。图3-5所示为两种握持的应用。

图3-5 抓手应用

二、控制部分

工业机器人的控制部分包括操作人员操纵机器人的人机交互系统和机器人实现指令跟踪与位置控制的控制系统。

1. 人机交互系统

人机交互系统是人与机器人联系和参与机器人控制的装置，分别是指令给定装置和信息显示装置，就像打游戏时需要的游戏机操作手柄一样。人机交互系统将机器人的运行状态、结构参数等信息通过显示器或指示灯的形式展示出来，操作人员通过编程或者操纵按钮将控制任务下发到机器人控制系统来执行。人机交互系统一般是工业机器人的自带示教单元和上位机软件。

2. 控制系统

控制系统是机器人执行动作和任务程序的指导系统，按照输入的程序对驱动系统和执行机构发出指令信号并进行控制，信号传输线路大多数都在机械手内部。控制系统的任务是根据机器人的作业指令程序以及从传感器反馈回来的信号，支配机器人的执行机构去完成规定的运动和功能。

典型的工业机器人需要有6个关节，每个关节都有一个伺服系统控制，多个关节的运动则要求各个伺服系统协同工作。对机器人的运动控制，需要进行复杂的坐标变换，矩阵函数的逆运算。机器人的数学模型是一个多变量、非线性和变参数的复杂模型，各变量之间还存在着耦合，因此机器人的控制中常使用前馈、补偿、解耦，自适应等复杂控制技术。较高级的机器人要求对环境条件、控制指令进行测定和分析，采用计算机建立庞大的信息库，用人工智能的方法进行控制、决策、管理和操作，按照给定的要求自动选择最佳控制。

根据控制原理，工业机器人的控制系统可分为程序控制系统、适应性控制系统和人工智能控制系统；根据控制运动的形式，工业机器人的控制系统可分为点位控制和连续轨迹控制。

① 程序控制系统：给每个自由度施加一定规律的控制作用，机器人就可实现要求的空间

轨迹。

② 自适应控制系统：当外界条件变化时，为保证所要求的品质或为了随着经验的积累而自行改善控制品质，其控制过程是基于操作机的状态和伺服误差的观察，调整非线性模型的参数，直到误差消失。这种控制系统的结构和参数能随时间和条件自动改变。

③ 人工智能系统：事先无法编制运动程序，而是要求在运动过程中根据所获得的周围状态信息，实时确定控制作用。当外界条件变化时，为保证所要求的品质或为了随着经验的积累而自行改善控制品质，其控制过程是基于操作机的状态和伺服误差的观察，调整非线性模型的参数，直到误差消失。由于这种控制系统的结构和参数能随时间和条件自动改变，因此是一种自适应控制系统。

三、传感部分

工业机器人的传感部分包括机器人的感受系统和机器人-环境交互系统。

1. 感受系统

工业机器人的感受系统由内部传感器和外部传感器组成机器人传感器网络，其目的是使工业机器人在工作工程中准确获取机器人内部和外部环境信息，并将这些信息通过内部信号线反馈给控制系统。工业机器人的内部传感器用于检测各个关节的位置、速度、受力等变量，使用的传感器包括光电编码器、力觉传感器、位置传感器等，为闭环伺服控制系统提供反馈信息。外部传感器用于检测机器人与周围环境之间的状态变量，如距离、接近程度和接触情况等，使用的传感器包括激光传感器、霍尔开关、电容开关、红外距离传感器等，用于引导机器人，便于其识别物体的位置或者状态，并做出相应处理。外部传感器一方面使机器人更准确地获取周围环境情况，另一方面也能起到误差矫正的作用。

随着传感器技术的发展，工业机器人逐渐完善了其"五官"系统，包括触觉（力与力矩传感器、触觉传感器、滑觉传感器等）、视觉（摄像头）、听觉（语音传感器）和工业PDA（RFID读写器）等。它们向工业机器人发送信息，共同构成工业机器人的信息反馈控制系统。

2. 机器人-环境交互系统

机器人-环境交互系统是实现工业机器人与外部环境中的设备相互联系和协调的系统。机器人与外部设备集成为一个功能单元，如加工制造单元、焊接单元、装配单元等；也可以是多台机器人、多台机床或设备、多个零件储存装置等集成为一个去执行复杂任务的功能单元。

四、工业机器人的主要参数

工业机器人在现代工业生产中占有越来越重要的地位，通过机器人代替人工劳动力可以大幅降低劳动成本，提升产品生产效率和产品质量。根据不同的行业和不同的任务需求，选择工业机器人的侧重点也有所不同，但主要考虑的工业机器人的核心参数基本一致，包括自由度、控制精度、工作范围、最大工作速度、承载能力以及原点位置。

1. 自由度

自由度是指机器人所具有的独立坐标轴运动的数目,不包括手爪(末端执行器)的开合自由度。在工业机器人系统中,1个自由度至少需要有1个电动机驱动,而在三维空间中描述一个物体的位置和姿态则需要6个自由度。在实际应用中,工业机器人的自由度是根据其用途而设计的,可能小于6个自由度,也可能大于6个自由度。

2. 控制精度

工业机器人的控制精度包括定位精度和重复定位精度两个指标。定位精度是指机器人手部实际到达位置与目标位置之间的差异,用反复多次测试的定位结果的代表点与指定位置之间的距离来表示;重复定位精度是指机器人重复定位手部于同一目标位置的能力,以实际位置值的分散程度来表示,实际应用中常以重复测试结果标准偏差值的3倍来表示,它用来衡量一系列误差值的密集度。

3. 工作范围

工作范围是指机器人手臂末端或手腕中心所能达到的所有区域点的集合,也称工作区域。因为末端操作器的形状和尺寸是多种多样的,所以为了真实地反映机器人的特征参数,一般工作范围是指不安装末端操作器的工作区域。工作范围的形状和大小对工业机器人来说是十分重要的指标,机器人在执行某作业时可能会因为存在手部不能到达的作业死区而不能完成任务,所以在选择工业机器人时需要重点考虑机器人的工作范围与任务工件之间的匹配关系。

4. 最大工作速度

对于工业机器人的最大工作速度,有的厂家是指自由度上最大的稳定速度,有的厂家则是指手臂末端最大合成速度,通常技术参数中都有说明。工作速度越高,工作效率就越高,但是工作速度越高就需要花费更多的时间去升速和降速,同时会增加工业机器人的成本。在操作空间比较小且频繁动作的任务中,工业机器人的最大工作速度指标可以适当降低,相反,在大范围内动作且起停较少的任务中则需要考虑选择最大工作速度较高的工业机器人。

5. 承载能力

工业机器人的承载能力是指工业机器人在工作范围内的任何位置上所能承受的最大质量。承载能力不仅决定于负载的重量,而且与机器人运行的速度、加速度的大小和方向有关。为了安全起见,承载能力这一技术指标是指高速运行时的承载能力。工业机器人的承载能力不仅指负载,而且包括机器人末端操作器的质量,即除机器人本体之外加载在机器人法兰上的质量。

6. 原　点

原点分为机械原点和工作原点两种。机械原点是指工业机器人各自由度共用的、机械坐标系中的基准点,工作原点是指工业机器人工作空间的基准点。

【任务实施】

本任的任务书见表 3-5,任务完成报告书见表 3-6。

表 3-5 任务书

任务名称	工业机器人结构与主要参数				
班级		姓名		组别	
任务目标	① 了解工业机器人的机械结构组成 ② 了解工业机器人控制器的特点 ③ 了解常用工业机器人的末端工具 ④ 了解工业机器人的主要参数				
任务内容	通过查阅教材与参考书,掌握工业机器人结构的分析与对主要参数的理解,了解工业机器人驱动系统的特性				
资料		工具		设备	
《ABB 工业机器人手册》				IRB120 工业机器人	

表 3-6 任务完成报告书

任务名称	工业机器人结构与主要参数				
班级		姓名		组别	
任务内容					

任务三　认识 ABB 工业机器人示教器

ABB 工业机器人的示教器(Flex Pendant)是一种手持式操作装置,用于执行与操作机器人系统有关的许多操作,如:运行程序、使机器人微动、修改机器人程序等。示教器由硬件和软件组成,其本身就是一整套完整的计算机。在示教器上,绝大多数的操作都是在触摸屏上完成的,同时也保留了必要的按钮与操作装置。图 3-6 所示为 ABB 工业机器人的控制器与示教器连接的示意图。

【任务描述】

在 ABB 工业机器人的使用中,必须通过示教器才能对机器人进行手动控制和编程,因此,操纵机器人的基本条件是熟悉并掌握示教器的使用方法,本任务的目的就是通过对 ABB 工业机器人示教器的结构介绍和功能学习加深对示教器的认识。

【知识准备】

一、示教器的硬件结构

ABB 工业机器人的示教器是控制系统的组成部分,通过信号线缆与控制器连接,示教器的实物图和结构示意图如图 3-7 所示。

图 3-6 ABB 工业机器人的控制器与示教器

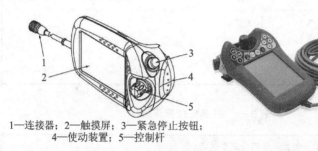

1—连接器;2—触摸屏;3—紧急停止按钮;
4—使动装置;5—控制杆

图 3-7 ABB 工业机器人示教器

1. 连接器

ABB 示教器通过通信线缆与 IRC5 控制器相连,IRC5 控制器在前面板留有 FlexPendant 专用接口。

连接示教器的步骤是:

① 在控制器上找到 FlexPendant 插座连接器;

② 插入示教器电缆连接器,需要注意的是,插入示教器之前要保证机器人控制器处于手动状态,以免损害设备;

③ 顺时针旋转连接器的锁环,将其拧紧。

断开示教器的步骤是:

① 完成所有需要连接示教器的当前活动(例如路径调整、校准、修改程序);

② 关闭系统,如果在没有关闭系统时断开 FlexPendant,系统会进入紧急停止状态;

③ 逆时针拧松连接器电缆计数器;

④ 将示教器与机器人系统分别存储。

2. 触摸屏

ABB 示教器的大部分功能都是在触摸屏上完成的,包括动作模式的选择、坐标系的创建、任务程序编写以及警告和错误的确认等。触摸屏的主页如图 3-8 所示。

3. 紧急停止按钮

ABB 示教器的紧急停止按钮位于其面板的右上角,是圆形的自锁红色按钮,在发生特殊情况时可以通过按下紧急停止按钮使机器人停止动作,以免造成破坏或危险。在按下紧急停止按钮以后,按钮自锁,等待故障或险情排除逆时针旋转紧急停止按钮使之恢复到正常状态。退出紧急停止状态以后,需要在示教器的触摸屏上确认急停警告才能使工业机器人重新进入工作状态。

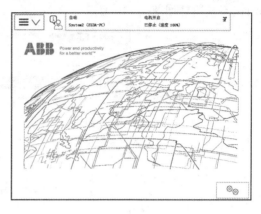

图 3-8 ABB 示教器主界面

4. 使动装置

ABB 示教器在手动模式下,需要用手指按下使动装置才能给机器人的关节电机上电,从而进行手动操纵。ABB 示教器的使动装置是一个三级按钮,默认状态未按下时为一级状态,机器人关节电机不得电,此时操纵机器人会提示"启动失败,控制器安全访问限制机制拒绝此操作";当使动装置被轻轻按下时为二级状态,即使能状态,机器人关节电机上电,可以进行操作或运行程序;为防止在手动操纵示教过程中出现危险,在操作人员用力按下使动装置时,使动装置进入三级状态,机器人关节电机重新断电停止,避免因操作人员重心不稳抓紧示教器而引起严重的后果。

5. 控制杆

ABB 示教器的控制杆是一种 2D 操作的控制摇杆,动作方向包括上下动作、左右动作以及顺时针旋转和逆时针旋转,不具备按压和拔起的操纵功能。在机器人的动作模式不同时,控制杆每个方向代表的动作目的也不相同,在手动关节模式下,选择 1～3 轴时控制杆控制 1～3 轴的正反转;选择 4～6 轴时控制杆控制 4～6 轴的正反转;选择线性运动时,控制杆控制机器人在 X、Y、Z 三个方向运动;选择重定位运动时,控制杆控制机器人绕 X、Y、Z 三个坐标轴旋转重定位。

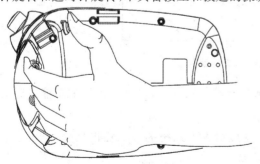

图 3-9 ABB 示教器的握持方式

ABB 示教器的设计使用模式为左手握持,右手操作,握持方法如图 3-9 所示。

二、示教器的软件操作

ABB 示教器本身是一个完整的嵌入式系统,运行的系统是 ABB 公司开发的 RobotWare 软件,系统属性如图 3-10 所示。

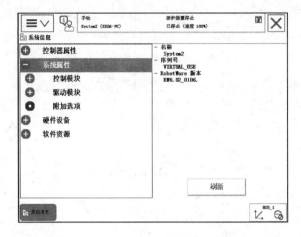

图 3-10　ABB 示教器系统属性

1. 软件的功能

ABB 示教器首页的菜单显示界面如图 3-11 所示。

图 3-11　ABB 示教器菜单

ABB 示教器的菜单包括能在示教器上完成所有功能的目录,这里对常用的功能进行简要的说明。

① 输入输出:示教器的输入输出功能用于管理机器人系统的输入输出信号,可以停止或启用已经安装的板卡,查看已经添加的输入输出信号等。

② 手动操纵:工业机器人在进行手动操纵时,可以在手动操纵功能中选择动作模式,如切换线性运动还是重定位运动,还可以在手动操纵界面选择和创建编程所需的工具坐标系、工件

坐标系和负载坐标系等。

③ 程序编辑器：ABB 工业机器人自动运行的程序称为 RAPID 程序，目标点的示教和任务程序的编写都是在程序编辑器中进行，在程序编辑器中还可以创建新模块、创建新例行程序。

④ 程序数据：机器人编程过程中用到多种类型的数据，如数字变量、数字可变量、目标点数据、关节位置数据、布尔型变量等，在程序数据中可以查看和管理程序运行中的数据，包括修改值、新建数据和删除数据等。

⑤ 控制面板：在 ABB 示教器的控制面板功能中可以对示教器和机器人的基本参数进行设置，可以修改示教器的语言，设置可编程按键的功能，配置机器人系统的参数。机器人控制器在硬件上连接输入输出板卡后需要在控制面板中进行参数配置，在软件上加载对应的板卡才能使用，才能对板卡上的输入输出信号进行定义。控制面板的显示界面如图 3-12 所示。

图 3-12　ABB 示教器的控制面板界面

2. 系统重新启动和关机

图 3-11 所示的 ABB 示教器的菜单界面的右下角有"重新启动"的选项。机器人系统在使用结束后或保养时需要关机，在一些情况下也需要进行重新启动来恢复程序或加载新的程序，关机和重新启动的实现方法就是通过菜单中的"重新启动"选项。

在"重新启动"选项中，如果仅仅是重启系统而不进行其他操作，只需单击图 3-13 所示的"重启"即可。

在需要关机或者进行其他与重启相关的操作时，单击图 3-13 所示的"高级…"，显示如图 3-14 所示的界面。

如图 3-14 所示：

① 重启：重新启动系统，不进行其他操作；

② 重置系统：恢复出厂设置，删除所有的程序、变量和配置文件并重启；

③ 重置 RAPID：仅删除 RAPID 程序，然后重启；

④ 恢复到上次自动保存状态：将本次开机修改的文件删除，重新启动恢复到上次自动保存状态；

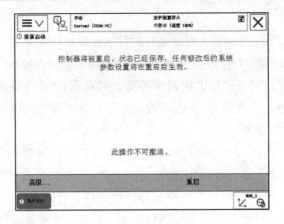

图 3-13 重新启动界面

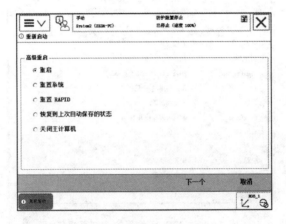

图 3-14 高级重启选项

⑤ 关闭主计算机:关闭控制器和示教器的主计算机系统,之后才可以关闭控制器的电源。

【任务实施】

本任务的任务书见表 3-7,任务完成报告书见表 3-8。

表 3-7 任务书

任务名称	认识工业机器人示教器				
班级		姓名		组别	
任务目标	① 了解 ABB 工业机器人的示教器的界面组成 ② 掌握工业机器人示教器的硬件组成 ③ 掌握使用示教器完成工业机器人关机操作				
任务内容	通过查阅 ABB 工业机器人示教器手册,完成对示教器的硬件组成和基本界面组成的认识,并使用示教器完成关机操作				
资料		工具		设备	
《ABB 工业机器人手册》				IRB120 工业机器人	

表3-8 任务完成报告书

任务名称	认识工业机器人示教器				
班级		姓名		组别	
任务内容					

任务四 工业机器人基本操纵

工业机器人的工作模式可以分为手动模式和自动模式两种,其中手动模式是操作人员通过示教器对机器人进行操纵,自动模式则是机器人自动执行存储的任务程序,完成生产、装配、焊接、搬运等动作。手动模式是对机器人编程和进行程序测试的模式,在进入自动模式前,机器人需要在手动模式下进行目标点示教、程序编写、程序手动执行等过程,在确认目标程序符合要求以后才允许切换到自动模式,从而进入自动生产状态。

ABB工业机器人的模式切换开关位于机器人的控制器上,如图3-15所示。

在图3-15中,红色按钮为控制器上的急停开关,急停开关下方为运行状态指示灯,也是自动模式下机器人关节电机的上电开关。ABB机器人的模式切换开关位于运行状态指示灯的下方,共分为三个挡位,图3-16所示的是三个挡位的分布。

图3-15 ABB工业机器人控制器前面板

1—自动模式;2—手动减速模式;
3—手动全速模式

图3-16 ABB机器人运行模式切换开关

运行模式中的自动模式是机器人自动执行任务程序的模式,手动模式又可以分为手动减速模式和手动全速模式,其中手动减速模式一般简称手动模式。手动减速模式和手动全速模式均为操作人员通过示教器手动控制机器人运动或执行程序的模式,不同之处在于手动减速模式下机器人最大的运行速度是 250 mm/s,而手动全速模式下机器人按照设定的速度全速运行。因为手动全速模式下机器人的运行速度较快,所以不建议新手选择该模式。在手动全速模式下操纵机器人的操作人员必须准确了解该模式的特点并确实知晓运行该模式可能带来的严重后果,否则不能切换到该模式调试机器人和进行编程。

【任务描述】

工业机器人的使用可以分为示教调试和自动运行两个阶段,示教调试是操作人员在手动模式下对机器人进行设置和编程调试,自动运行是在自动模式下自动执行任务程序,本任务通过在 RobotStudio 中演示机器人的手动模式和自动模式来学习 ABB 工业机器人的基本操纵。

【知识储备】

在学习 ABB 工业机器人的基本操纵之前,首先在 RobotStudio 软件中建立 IRB 120 紧凑型工业机器人的最小系统,系统包括 IRB 120 机器人,一个激光雕刻工具以及一个工件。

工业机器人仿真工程建立过程为:

① 在桌面双击 RobotStudio 软件图标,打开 RobotStudio,在新建选项卡中选择空工作站解决方案,输入工程名称并选择保存位置,单击"创建",建立仿真工程,如图 3-17 所示。

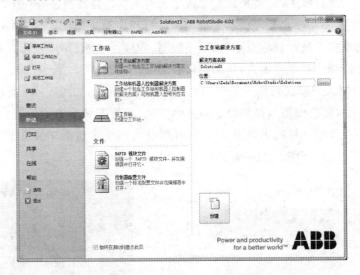

图 3-17 创建机器人仿真工程

② 在仿真功能内依次添加 IRB 120 机器人、激光切割工具 MyTool、工件 Curve_thing,并将 MyTool 安装到 IRB 120 上,设置 Curve_thing 的位置为(350,150,220),方向为(0,0,-90),如图 3-18 所示。

③ 添加 IRB 120 机器人的控制系统,如图 3-19 所示。

④ 控制器默认为自动模式,因此将机器人运行模式改为手动模式,如图 3-20 所示。

项目三 工业机器人基本认识与使用

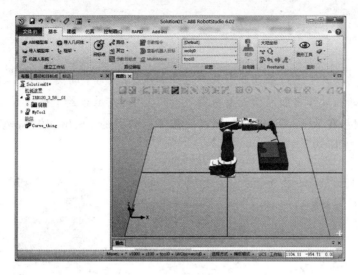

图 3-18 机器人仿真工程界面

图 3-19 IRB 120 机器人的控制系统

图 3-20 机器人切换至手动模式

一、手动操纵

机器人在手动模式下进行手动操纵共有三种动作,分别为手动关节操纵、手动线性操纵和手动重定位操纵。在动作之前需要先给机器人电机上电,在示教器上操作是手指轻轻按压使动装置到二级挡位,在 RobotStudio 中,则需要按下示教器的 Enable 按钮,使之变为绿色,开启电机,如图 3-21 所示。

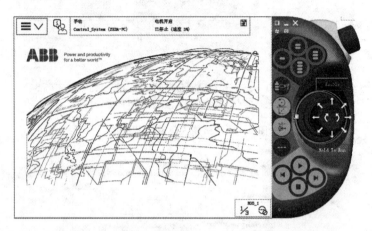

图 3-21　开启机器人电机

1. 手动关节操纵

IRB 120 机器人共有 6 个运动关节,而示教器的操纵杆同一时刻只能控制最多 3 个变量,所以在手动操纵关节运动时需要选择动作轴 1~3 还是轴 4~6,如图 3-22 所示。

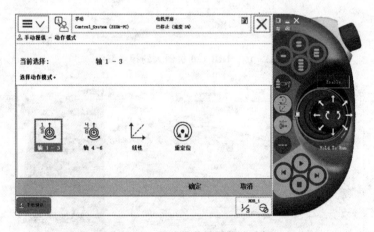

图 3-22　手动关节操纵模式选择

手动关节操纵情况下,操作人员通过示教器的操纵杆控制对应轴的动作,是一种绝对运动,示教器操纵杆的动作方向与机器人关节的运动方向的对应关系如图 3-23 和 3-24 所示。

为了更加精确地操纵机器人的动作,在手动关节操纵、手动线性操纵以及手动重定位操纵

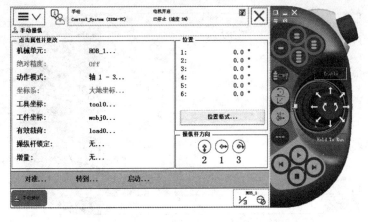

图 3-23　操纵杆与轴 1～3 对应关系

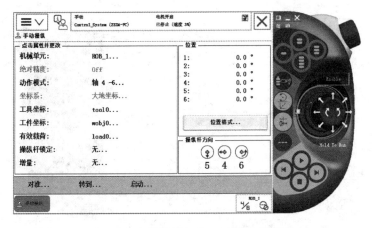

图 3-24　操纵杆与轴 4～6 对应关系

中都可以进行增量的设置。在无增量模式下机器人按照操纵杆指令连续动作,在有增量时机器人的动作变为脉冲形式,操纵杆动作时每隔一段时间发出一个脉冲动作信号,使机器人按照设定的步长运动。在增量模式下,大增量适合较大范围动作,中增量适合小范围调整,小增量可以进行精细操作,用户还可以根据任务需求自己设置增量的大小。增量模式选择如图 3-25 所示。

2. 手动线性操纵

手动线性操纵是指手动控制机器人沿设定坐标系的 X 轴、Y 轴和 Z 轴方向进行直线运动,切换为线性模式后动作方向与示教器操纵杆动作的对应关系如图 3-26 所示。

需要注意的是,在手动操纵机器人关节时动作模式下方的坐标系为灰色,不能选择,而在线性模式下可选。机器人的线性动作方向即选定的坐标系的坐标轴,可以选择的坐标系有大地坐标、基坐标、工具坐标和工件坐标,图 3-27 为坐标系选择界面。

3. 手动重定位操纵

一些特定情况下需要重新定位工具方向,使其与工件保持特定的角度,以便获得最佳效

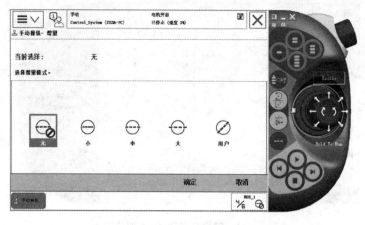

图 3-25 增量模式选择

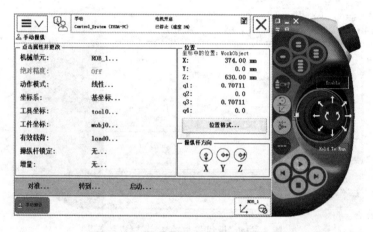

图 3-26 操纵杆与线性模式对应关系

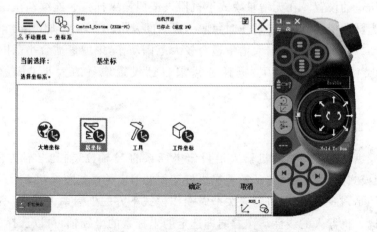

图 3-27 参考坐标系选择界面

果,如焊接、切割、铣削时的应用。当将工具中心点微调至特定位置后,在大多数情况下需要重新定位工具方向,定位完成后,将继续以线性动作进行微动控制,以完成路径和所需操作,重定位运动模式如图 3-28 所示。

在进行手动重定位操纵时,也需要制定参考的坐标系,如图 3-29 所示。

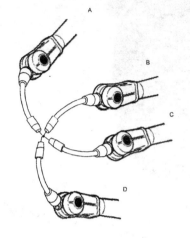

图 3-28 重定位运动模式

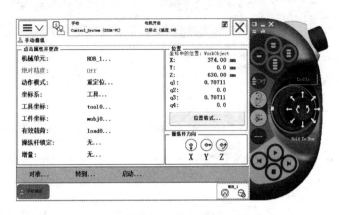

图 3-29 操纵杆与重定位模式对应关系

二、自动运行

要使工业机器人动起来,就必须给机器人一系列的指令,让它按照指令进行运动。ABB 工业机器人通过编写 RAPID 程序来实现对机器人的控制,使用 RAPID 指令,不仅可以移动机器人、设置输出、读取输入,还能实现决策、重复其他指令、构造程序、与系统操作员交流等功能。

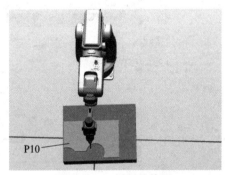

图 3-30 切割物体图

基于本任务中建立的机器人仿真工程,设定机器人自动运行的任务是操纵激光切割工具在工件上切割出如图 3-30 所示深色长方形中间浅色区域的形状,机器人由机械零点运动至切割浅色区域的左下角 p10 点开始执行切割任务,沿任务路径逆时针运动一周后回到 p10 点结束切割任务,并返回机械零点。

RAPID 程序编写过程如下。

① 在示教器中打开程序编辑器,新建任务模块 Curve,如图 3-31 所示。

② 在 Curve 模块下新建工业机器人任务例行程序,编程时对任务程序进行功能划分,建立不同的子例行程序,如图 3-32 所示。

图中 main() 为主程序,负责调用和管理其他子程序,rHome() 为回机械原点例行程序,rInit() 为初始化程序,设置机器人的速度和加速度,rRoutine 为任务路径程序,包含任务路径点的信息。

详细程序为:

```
PROC main()
    rInit;
```

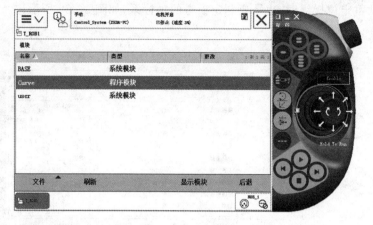

图 3-31　新建任务模块 Curve

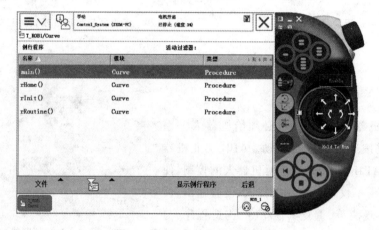

图 3-32　任务的子例行程序

　　rHome;
　　rRoutine;
　　rHome;
ENDPROC
PROC rInit()
　　AccSet 100, 100;
　　VelSet 100, 5000;
ENDPROC
PROC rHome()
　　MoveAbsJ jpos_home\NoEOffs, v100, fine, MyTool\WObj: = Curve_thing;
ENDPROC
PROC rRoutine()
　　MoveL p10, v100, fine, MyTool\WObj: = Curve_thing;
　　MoveL p20, v100, z10, MyTool\WObj: = Curve_thing;
　　MoveL p30, v100, z10, MyTool\WObj: = Curve_thing;
　　MoveL p40, v100, z10, MyTool\WObj: = Curve_thing;
　　MoveC p50, p60, v100, z10, MyTool\WObj: = Curve_thing;

MoveL p70, v100, z10, MyTool\WObj: = Curve_thing;
MoveC p80, p90, v100, z10, MyTool\WObj: = Curve_thing;
MoveL p10, v100, fine, MyTool\WObj: = Curve_thing;
ENDPROC

③ 在手动操纵模式下逐步运行程序,进行调试。

④ 切换到自动模式,单击机器人电机上电开关(运行状态指示灯)给电机上电,运行指示灯常亮,然后单击示教器运行按钮开始自动执行程序,如图3-33所示。

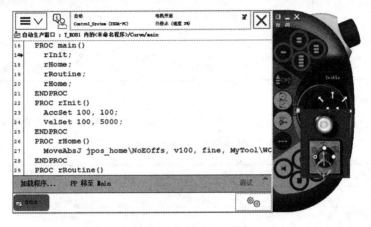

图3-33 机器人自动运行

【任务实施】

本任务的任务书见表3-9,任务完成报告书见表3-10。

表3-9 任务书

任务名称	工业机器人基本操纵				
班级		姓名		组别	
任务目标	① 掌握ABB工业机器人的不同运动方式的选择 ② 掌握工业机器人示教器中各轴的操纵方法 ③ 掌握使用示教器对工业机器人的示教操作 ④ 掌握工业机器人运动轨迹的编程				
任务内容	查阅ABB工业机器人示教器手册,完成示教器的手动操纵,单轴运动,线性运动、重定位运动的基本操作,完成轨迹运动的程序的自动运行				
资料		工具		设备	
《ABB工业机器人手册》				IRB120工业机器人	

表 3-10　任务完成报告书

任务名称	工业机器人基本操纵				
班级		姓名		组别	
任务内容					

【项目评价】

本项目学生自评表见表 3-11，学生互评表见表 3-13，教师评价表见表 3-13。

表 3-11　学生自评表

项目三　工业机器人基本认识与使用			
班级	姓名	学号	组别
评价项目	评价内容	评价结果	
专业能力	能够了解 ABB 工业机器人的分类与应用		
	能够掌握工业机器人的结构和主要参数含义		
	能够掌握示教器的基本使用		
	能够使用示教器完成机器人的示教和编程		
方法能力	能够遵守工业机器人安全操作规程		
	能够查阅工业机器人使用手册		
	能够正确使用选择使用工具		
	能够对自己学习情况进行总结		
社会能力	能够积极与小组内同学交流讨论		
	能够正确理解小组任务分工		
	能够主动帮助他人		
	能够正确认识自己错误并改正		
自我评价与反思			

表 3-12　学生互评表

项目三　工业机器人基本认识与使用				
被评价人	班级	姓名	学号	组别
评价人				
评价项目	评价内容			评价结果
专业能力	能够正确完成工业机器人的示教			
	能够熟练操纵工业机器人			
	能够完成工业机器人自动运行轨迹			
方法能力	遵守工业机器人安全操作规程情况			
	查阅工业机器人使用手册情况			
	使用工具情况			
	对任务完成总结情况			
社会能力	团队合作能力			
	交流沟通能力			
	乐于助人情况			
	学习态度情况			
综合评价				

表 3-13　教师评价表

项目三工业机器人基本认识与使用				
被评价人	班级	姓名	学号	组别
评价项目	评价内容			评价结果
专业知识掌握情况	充分理解项目的要求及目标			
	工业机器人的结构组成			
	工业机器人示教器的基本使用			
	工业机器人示教器的现场示教			
任务实操及方法掌握情况	安全操作规程掌握情况			
	示教器的基本设置			
	工业机器人的现场示教			
	查阅工业机器人使用手册情况			
	使用工具情况			
	任务完成总结情况			

续表 3-13

社会能力培养情况	积极参与小组讨论	
	主动帮助他人	
	善于表达及总结发言	
	认识错误并改正	
综合评价		

【思考题】

① 工业机器人的驱动系统各有什么特点？

② 工业机器人的控制系统有什么性能要求？

③ 工业机器人的各轴运动如何操纵？

提高篇

项目四　PLC 控制异步电机变频调速运行

在工业现场设备中,应用变频调速的方式实现驱动电机调速应用越来越广泛,变频调速是改变电动机定子电源的频率,从而改变其同步转速的调速方法。变频调速系统主要设备是提供变频电源的变频器,变频器可分成交-直-交变频器和交-交变频器两大类,目前国内大多使用交-直-交变频器。在西门子通用变频器中,常见的型号有 MM440、MM430、MM420 等。MM420 是基本型,MM430 是节能型,MM440 是矢量型。MM440 的实物图如图 4-1 所示。

本项目通过三个子任务的学习和实践,来讲解变频器的工作原理和使用方法,通过任务的练习掌握西门子 MM440 变频器的使用。

任务一　认识变频调速控制系统

图 4-1　MM440 实物图

【任务描述】

变频调速属于真正的无级调速,调速范围宽,电机最大出力能力不变,效率高,系统复杂,性能好,可以和直流调速系统相媲美。本任务将详细认识变频调速系统的基本控制原理和变频器的基本构造和组成,认识变频器的主电路拓扑结构,理解变频调速系统的控制方法,为后续变频调速系统的应用打下良好的理论基础。

【知识储备】

一、变频调速原理

变压变频调速是改变异步电动机同步转速的一种调速方法,同步转速随着频率的变化而变化,如式(4-1)所示,异步电动机的实际转速如式(4-2)所示。根据式(4-2)可知调速方法有:改变极对数 P、改变转差率 S、和改变电源频率 f,前两种为有级调速,改变电源频率为无级调速。

$$n_1 = \frac{60f_1}{n_p} = \frac{60\omega_1}{2\pi n_p} \qquad (4-1)$$

$$n = (1-s)n_1 = (1-s)\frac{60f}{p} \qquad (4-2)$$

变压变频调速的基本控制策略需根据其频率控制的范围而定,而实现基本的控制策略,又可选用不同的控制模式,类似于他励直流电动机的调速分为基速以下采用保持磁通恒定条件下的变压调速,基速以上采用弱磁升速两种控制策略,异步电动机变压变频调速也划分为基频以下调速和基频以上调速两个范围,采用不同的基本控制策略。

交流异步电动机调速也应考虑的一个重要因素是希望保持电动机中每极磁通量为额定值不变。这是因为如果磁通太弱,没有充分利用铁芯;如果过分增大磁通,又会使铁芯饱和。但是,不同于他励直流电动机励磁回路独立,易于保持其恒定,如何在交流异步电动机控制中保持磁通恒定是实现变频变压调速的先决条件。

三相异步电动机定子每相电动势的有效值为

$$U_1 \approx E_1 = 4.44 f_1 N_1 K_{W1} \Phi m \qquad (4-3)$$

式中:E_1——定子每相由气隙磁通感应的电动势(V);

f_1——定子频率(Hz);

N_1——定子相绕组有效匝数;

K_{W1}——绕组系数;

Φm——每极磁通量(Wb)。

由式(4-3)可见,Φ_m 的值是由 E_1 和 f_1 共同决定的,对 E_1 和 f_1 进行适当的控制,就可以使气隙磁通 Φm 保持额定值不变。在式(4-3)中,N_1 和 K_{W1} 是常数,因此,只要控制好 E_1 和 f_1,便可达到控制磁通的目的。对此需要考虑基频(额定频率)以下和基频以上两种情况。

1. 基频以下调速

在基频以下调速时,根据式(4-3),要保持 Φ_m 不变,当定子频率 f_1 从额定值 f_{1N} 向下调节时,必须同时降低 E_1,使两者同比例下降,即应采用感应电动势频率比为恒值的控制方式。然而,从异步电动机等效电路可知,绕组中的感应电动势是难以直接控制的,当电动机的电动势值较高时,可以忽略定子绕组的漏磁阻抗压降,从而认为定子相电压 $U_1 \approx E_1$,因此可以采用恒压频比的控制模式,即

$$\frac{U_1}{f_1} = C \qquad (4-4)$$

在低频时,定子电阻和漏感压降所占的份量比较显著,不能再忽略。可以人为地把定子电压抬高一些,以补偿定子阻抗压降,负载大小不同,需要补偿的定子电压也不一样。按照如图 4-2 所示的控制曲线实施控制。其中,曲线①为标准的恒压频比控制模式;曲线②为有定子压降补偿的恒压频比控制模式,通过外加一个补偿电压 U_{c0} 来提高初始定子电压,以克服低频时定子阻抗上的压降所占比重增加所带来的不能忽略的影响。在实际应用中,由于负载的变化,所需补偿的定子压降也不一样,应备有不同斜率的补偿曲线供选择。图 4-3 为对应的恒压频比控制时的电机机械特性。

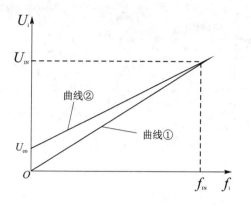

图 4-2 恒压频比模式的控制曲线

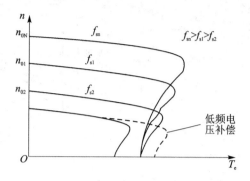

图 4-3 恒压频比调速时电机的机械特性

如果能够通过某种方式直接控制转子电动势,使其按照恒转子电动势频比进行控制,即有下式

$$\frac{Er}{f_1} = C \qquad (4-5)$$

当采用恒 E_r/f_1 控制模式时,异步电动机的机械特性 $T_e = f(s)$ 变为线性关系,其特性曲线是一条下斜的直线,获得与直流电动机相同的稳态性能。这是高性能交流调速系统想要达到的目标,应用电机的动态数学模型,采取转子磁链定向的矢量控制方式可以达到此效果。

2. 基频以上调速

在基频以上调速时,频率向上升高,受到电机绝缘耐压和磁路饱和的限制,定子电压不能随之升高,最多只能保持额定电压不变。这将导致磁通与频率成反比地降低,使得异步电动机工作在弱磁状态。当频率提高时,同步转速随之提高,最大转矩减小,机械特性上移,而形状基本不变,如图 4-4 所示。由于频率提高而电压不变,气隙磁通势必减弱,导致转矩减小,但转速却升高了,可以认为输出功率基本不变。所以基频以上变频调速属于弱磁恒功率调速。

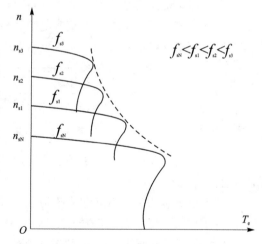

图 4-4 基频向上调速时的机械特性

如果采用笼型转子异步电动机实现大范围的调速,就需要基频以下和基频以上的配合控制,其控制策略是:

① 在基频以下,以保持磁通恒定为目标,采用变压变频协调控制;
② 在基频以上,以保持定子电压恒定为目标,采用恒压变频控制。

配合控制的系统稳态特性如图 4-5 所示,基频以下变压变频控制时,其磁通保持恒定,转矩也恒定,属于恒转矩调速性质;基频以上恒压变频控制时,其磁通减小,转矩也减小,但功率保持不变,属于弱磁恒功率调速性质,这与他励直流电动机的配合控制相似。

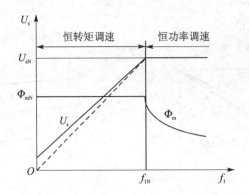

图 4-5 异步电动机变压变频调速的控制特性

二、变频器的构成及控制方法

变频器是交流电气传动系统的一种,是将交流工频电源转换成电压、频率均可变的适合交流电机调速的电力电子变换装置。

1. 变频器分类

(1) 从变频器主电路结构形式划分

从变频器主电路的结构形式上划分,可分为交—直—交变频器和交—交变频器。

交—直—交变频器首先通过整流电路将电网的交流电整流成直流电,再由逆变电路将直流电逆变为频率和幅值均可变的交流电。交—直—交变频器主电路结构如图 4-6 所示。

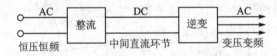

图 4-6 交直交变频器结构图示意

① PAM 是把 VV 和 VF 分开完成的,称为脉冲幅值调制(Pulse Amplitude Modulation)方式,简称 PAM 方式。

② PWM 是将 VV 与 VF 集中于逆变器一起来完成的,称为脉冲宽度调制(Pulse Width Modulation)方式,简称 PWM 方式。PWM 调制方式采用不控整流,则输入功率因素不变,用 PWM 逆变同时进行调压和调频,则输出谐波可以减少。PWM 方式具有输入功率因数高、输出谐波少的优点,因此在中小功率的变频器中,几乎全部采用 PWM 方式。

交—交变频器把一种频率的交流电直接变换为另一种频率的交流电,中间不经过直流环节,又称为周波变换器,它的基本结构如图 4-7 所示。

常用的交—交变频器输出的每一相都是一个两组晶闸管整流装置反并联的可逆线路。正、反向两组按一定周期相互切换,在负载上就获得交变的输出电压 u_o。输出电压 u_o 的幅值决定于各组整流装置的控制角,输出电压 u_o 的频率决定于两组整流装置的切换频率。如果控制角一直不变,则输出平均电压是方波,要到正弦波输出,就在每一组整流器导通期间不断改变其控制角。对于三相负载,交—交变频器其他两相也各用一套反并联的可逆线路,输出平均电压相位依次相差120°。

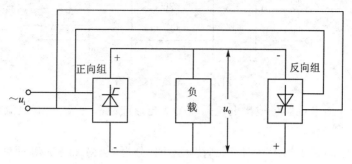

图4-7 交交变频器结构示意图

交-交变频器由其控制方式决定了它的最高输出频率只能达到电源频率的1/3~1/2,不能高速运行,这是它的主要缺点。但由于没有中间环节,不需换流,提高了变频效率,并能实现四象限运行,因而多用于低速大功率系统中,如回转窑、轧钢机等。

(2) 从变频电源性质划分

从变频电源的性质划分,可分为电压型变频器和电流型变频器。对交-直-交变频器,电压型变频器与电流型变频器的主要区别在于中间直流环节采用什么样的滤波器。电压型变频器的主电路典型形式如图4-8所示。在电路中,中间直流环节采用大电容滤波,直流电压波形比较平直,使施加于负载上的电压值基本上不受负载的影响而基本保持恒定,类似于电压源,因而称之为电压型变频器。

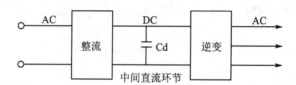

图4-8 电压型变频器

电压型变频器逆变输出的交流电压为矩形波或阶梯波,而电流的波形经过电动机负载滤波后接近于正弦波,但有较大的谐波分量。由于电压型变频器是作为电压源向交流电动机提供交流电功率,所以主要优点是运行几乎不受负载的功率因素或换流的影响;缺点是当负载出现短路或在变频器运行状态下投入负载,都易出现过电流,必须在极短的时间内施加保护措施。

电流型变频器与电压型变频器在主电路结构上基本相似,所不同的是电流型变频器的中间直流环节采用大电感滤波,如图4-9所示。直流电流波形比较平直,使施加于负载上的电流值稳定不变,基本不受负载的影响,其特性类似于电流源,所以称之为电流型变频器。

电流型变频器逆变输出的交流电流为矩形波或阶梯波,当负载为异步电动机时,电压波形接近于正弦波。电流型变频器的整流部分一般采用相控整流,或直流斩波,通过改变直流电压来控制直流电流,构成可调的直流电源,达到控制输出的目的。

电流型变频器由于电流的可控性较好,可以限制因逆变装置换流失败或负载短路等引起的过电流,可靠性较高,所以多用于要求频繁加减速或四象限运行的场合。一般的交-交变频器虽然没有滤波电容,但供电电源的低阻抗使它具有电压源的性质,也属于电压型变频器。也

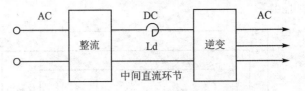

图 4-9 电流型变频器

有的交-交变频器用电抗器将输出电流强制变成矩形波或阶梯波,具有电流源的性质,属于电流型变频器。

交-直-交变频器根据 VVVF 调制技术不同,分为 PAM 和 PWM 两种。

2. 变频器的结构

变频器由主电路和控制电路构成,其组成示意图如图 4-10 所示。

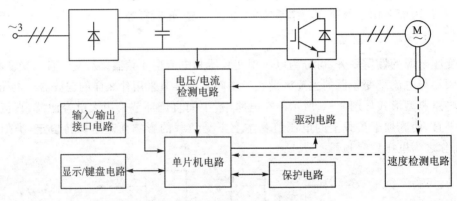

图 4-10 变频器组成示意图

(1) 控制电路的组成

① 驱动电路:驱动主电路器件的电路,它使主电路器件导通、关断。

② 电压/电流检测电路:用于检测直流回路及逆变器输出电路的电压和电流,用电阻、电压和电流互感器或霍耳传感器等作为检测元件。

③ 保护电路:检测主电路的电压、电流等,当发生过载或过电压等异常时,使逆变器停止工作或抑制电压、电流值,防止逆变器和异步电动机损坏。

④ 输入输出电路:用以构成模拟和数字量接口,接受外部控制信号和传出变频器工作状态。

⑤ 显示/键盘电路:用以显示、设定变频器的参数、状态等。

⑥ 速度检测电路:以装在异步电动机轴上的速度检测器的信号为速度信号,将其送入单片机电路,可使电动机按指令速度运转。

(2) 变频器的构成

变频器的主电路拓扑结构图如图 4-11 所示。

交直交电压型变频器的主电路主要由整流单元(交流变直流)、滤波单元、逆变单元(直流变交流)、制动单元、驱动单元和检测单元组成。

整流部分的作用是将频率固定的三相交流电变换成直流电。包括:

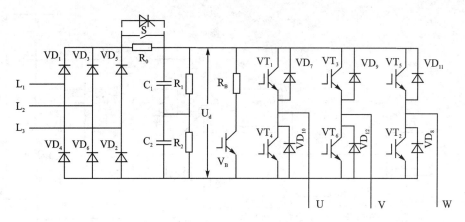

图 4-11 变频器主电路示意图

① 三相整流桥。由整流二极管 $VD_1 \sim VD_6$ 构成三相桥式整流电路,如电源的线电压为 UL 整流后的平均电压为: $U_D=1.35U_L$。

② 滤波电容器 C。其作用是滤平桥式整流后的电压纹波,使直流电压保持平稳。

③ 限流电阻 R_0 和开关 S。在变频器电源接通的瞬间,滤波电容 C 的充电电流很大,过大的冲击电流可能会损坏三相整流桥中的二极管。为了保护二极管在电路中串入限流电阻 R_0,从而将电容器 C 的充电电流限制在允许的范围内,当 C 充电到一定程度,令开关 S 接通,将 R_0 短接掉。

逆变部分的作用是将直流电转换为可变频率的 PWM 波。包括:

① 逆变管 $VT_1 \sim VT_6$ 构成三相逆变桥,这六个逆变管按一定规律轮流导通和截止,将直流电逆变成频率可调的三相交流电。

② 续流二极管 $VD_7 \sim VD_{12}$ 的主要作用是在换相过程中为电流提供通路。

采用了变频器的交流调速系统中,电动机的减速是通过降低变频器的输出频率来实现的。在电动机减速过程中,当变频器的输出频率下降过快时,电动机将处于发电制动状态,拖动系统的动能要回馈到直流电路中,使直流电压上升,导致变频器本身的过电压保护电路动作,切断变频器的输出。为避免出现这一现象,必须将再生到直流电路的能量消耗掉,制动电阻 R_B 和制动单元 V_B 的作用就是消耗这部分能量。如图 4-11 所示,当直流中间电路的电压上升到一定值时,制动三极管 V_B 导通.将回馈到直流电路的能量消耗在制动电阻上。

3. 变频器的控制方式

在交流变频器中使用的非智能控制方式有 V/f 协调控制、转差频率控制、矢量控制、直接转矩控制等。

(1) V/f 控制

V/f 控制是为了得到理想的转矩-速度特性,基于在改变电源频率进行调速的同时,又要保证电动机的磁通不变的思想而提出的,通用型变频器基本上都采用这种控制方式。V/f 控制原理图如图 4-12 所示。V/f 控制变频器结构非常简单,这种变频器采用开环控制方式,不能达到较高的控制性能,而且在低频时,必须进行转矩补偿,以改变低频转矩特性。

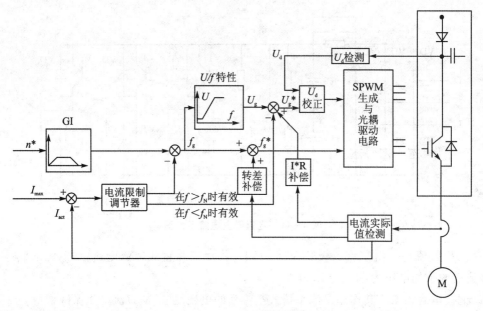

图 4-12 V/f 控制原理图

(2) 转差频率控制

转差频率控制是一种直接控制转矩的控制方式,它在 V/f 控制的基础上,知道异步电动机的实际转速对应的电源频率,并根据希望得到的转矩来调节变频器的输出频率,就可以使电动机具有对应的输出转矩。这种控制方式,在控制系统中需要安装速度传感器,有时还加有电流反馈,对频率和电流进行控制,因此这是一种闭环控制方式,可以使变频器具有良好的稳定性,并对急速的加减速和负载变动有良好的响应特性。转差频率控制原理图如图 4-13 所示。

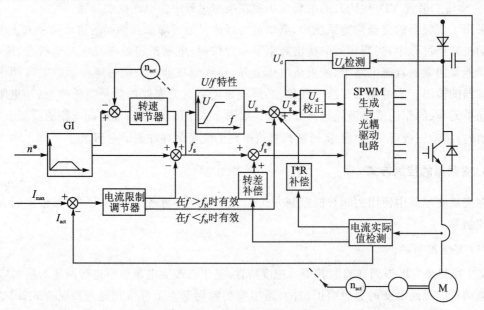

图 4-13 转差频率控制原理图

(3) 矢量控制

矢量控制是通过矢量坐标电路控制电动机定子电流的大小和相位,以达到对电动机在 d、q、0 坐标轴系中的励磁电流和转矩电流分别进行控制,进而达到控制电动机转矩的目的。目前在变频器中实际应用的矢量控制方式主要有基于转差频率控制的矢量控制方式和无速度传感器的矢量控制方式两种。基于转差频率的矢量控制方式与转差频率控制方式两者的定常特性一致,但是基于转差频率的矢量控制还要经过坐标变换对电动机定子电流的相位进行控制,使之满足一定的条件,以消除转矩电流过渡过程中的波动。因此,基于转差频率的矢量控制方式在输出特性方面比转差频率控制方式得到很大改善。但是,这种控制方式属于闭环控制方式,需要在电动机上安装速度传感器,因此应用范围受到限制。基于转差频率的矢量控制方式原理图如图 4-14 所示。

无速度传感器矢量控制是通过坐标变换处理分别对励磁电流和转矩电流进行控制,然后通过控制电动机定子绕组上的电压、电流辨识转速以达到控制励磁电流和转矩电流的目的。这种控制方式调速范围宽,启动转矩大,工作可靠,操作方便,但计算比较复杂,一般需要专门的处理器来进行计算,因此实时性不是太理想,控制精度受到计算精度的影响。无速度传感器矢量控制原理图如图 4-15 所示。

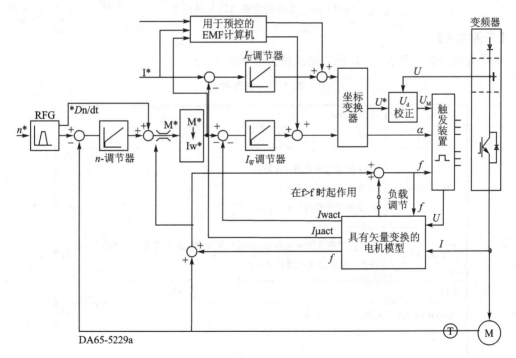

图 4-14 基于转差频率的矢量控制方式

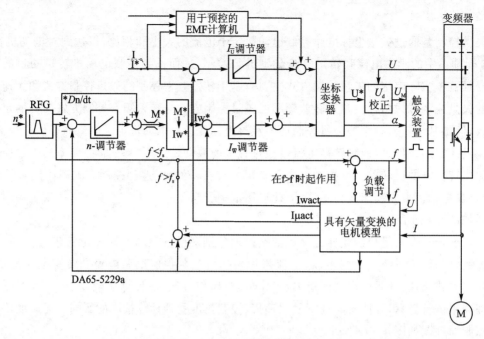

图 4-15 无速度传感器的矢量控制

【任务实施】

本任务的任务书见表 4-1,任务完成报告书见表 4-2。

表 4-1 任务书

任务名称	认识变频调速控制系统				
班级		姓名		组别	
任务目标	① 了解变频调速的基本原理 ② 掌握变频器的机构组成 ③ 掌握变频器的控制方式				
任务内容	根据常用的变频控制系统,分析其控制系统组成及各部分的作用,总结各种不同类型的变频器的特点				
资料		工具		设备	
《电机拖动与变频调速》		无		无	

项目四　PLC控制异步电机变频调速运行

表4-2　任务完成报告书

任务名称	认识变频调速控制系统				
班级		姓名		组别	
任务内容					

任务二　变频器的基本使用

【任务描述】

MM440是用于控制三相交流电动机速度和转矩的变频器。本系列有多种型号,额定功率范围从120 W到200 kW(恒定转矩控制方式),甚至可达250 kW(可变转矩控制方式),供用户选用。该变频器由微处理器控制,并采用具有现代先进技术水平的绝缘栅双极型晶体管(IGBT)作为功率输出器件。其脉冲宽度调制的开关频率是可选的,因而降低了电动机运行的噪声。全面而完善的保护功能为变频器和电动机提供了良好的保护。MM440具有默认的工厂设置参数,它是给数量众多的简单的电动机控制系统供电的理想变频驱动装置。由于MM440具有全面而完善的控制功能,在设置相关参数以后,它也可用于更高级的电动机控制系统。该系列变频器还具有电缆连接简便、模块化设计、配置灵活,脉宽调制频率高等特点。本任务将以西门子MM440为例,详细讲解MM440的组成、参数设置以及面板操作和外部端子接线方式。通过任务的练习掌握MM440的使用方法,掌握硬件接线和常用运行方式的参数设置。

【知识储备】

一、变频器接线

1. 变频器的电源接线

变频器的进线有单相220V,三相380V两种形式,在接线时需注意不要混淆。

2. 变频器的控制接线

控制电路接线端如图4-17所示。端子1、2是变频器为用户提供的10V直流稳压电源。当采用模拟电压信号输入方式输入给定频率时,为了提高交流变频调速系统的控制精度,必须配备一个高精度的直流稳压电源作为模拟电压输入的直流电源。MM440变频器通过1、2端

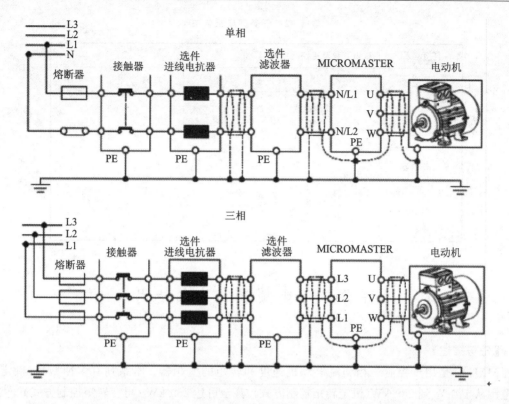

图 4-16 变频器电源进线示意图

为用户提供了一个高精度的直流电源。

模拟输入 3、4 和 10、11 端为用户提供了两对模拟电压给定输入端作为频率给定信号,经变频器内 A/D 转换器,将模拟量转换成数字量,传输给 CPU 来控制系统。

数字输入 5、6、7、8、16、17 端为用户提供了 6 个完全可编程的数字输入端,数字输入信号经光耦合隔离输入 CPU,对电动机进行正反转、正反向点动、固定频率设定值控制等。

输入 9、28 端是 24 V 直流电源端,用户为变频器的控制电路提供了 24 V 直流电源。

输出 12、13 和 26、27 端为两对模拟输出端;输出 18、19、20、21、22、23、24、25 端为输出继电器的触头;输入 14、15 端为电动机过热保护输入端;输入 29、30 端为 RS-485(USS 协议)端,控制端子的功能见表 4-3。

图 4-17 MM440 接线端子图

二、变频器操作

1. 基本操作面板的认知与操作

用基本操作面板进行调试,利用 BOP 上的按键,可方便地更改变频器的各个参数。BOP

显示面板如图 4-18 所示。除了按键以外，BOP 上还有一个五位数字的 LCD 显示器，它可显示参数号 rxxxx 和 Pxxxx、参数值、参数的单位（如 [A] [V] [Hz] [s]）、报警号 Axxxx 或故障信息 Fxxxx 以及设定值和实际值，但参数的信息不能用 BOP 存储。基本操作面板 BOP 上的按钮及其功能说明见表 4-4。

表 4-3 控制端子功能表

端子号	标识符	功　　能
1	—	输出 +10 V
2	—	输出 0 V
3	ADC1+	模拟输入 1(+)
4	ADC1−	模拟输入 1(−)
5	DIN1	数字输入 1
6	DIN2	数字输入 2
7	DIN3	数字输入 3
8	DIN4	数字输入 4
9	—	带电位隔离的输出 +24 V/最大 100 mA
10	ADC2+	模拟输入 2(+)
11	ADC2−	模拟输入 2(−)
12	DAC1+	模拟输出 1(+)
13	DAC1−	模拟输出 1(−)
14	PTCA	连接温度传感器 PTC/KTY84
15	PTCB	连接温度传感器 PTC/KTY84
16	DIN5	数字输入 5
17	DIN6	数字输入 6
18	DOOUT1/NC	数字输出 1/NC 常闭触头
19	DOOUT1/NO	数字输出 1/NO 常开触头
20	DOOUT1/COM	数字输出 1/切换触头
21	DOOUT2/NO	数字输出 2/NO 常开触头
22	DOOUT2/COM	数字输出 2/切换触头
23	DOOUT3/NC	数字输出 3/NC 常闭触头
24	DOOUT3/NO	数字输出 3/NO 常开触头
25	DOOUT3/COM	数字输出 3/切换触头
26	DAC2+	数字输出 2(+)
27	DAC2−	数字输出 2(−)
28	—	带电位隔离的输出 0 V/最大 100 mA
29	P+	RS-485 串口
30	P−	RS-485 串口

图 4-18 变频器基本操作面板 BOP

表 4-4 基本操作面板 BOP 上的按钮

显示/按钮	功 能	功能说明
r0000	状态显示	LCD 显示变频器当前的设定值
①	启动变频器	按此键启动变频器,默认值运行时此键是被封锁的,为了使此键的操作有效,应设定 P0700=1
⓪	停止变频器	OFF1:按此键,变频器将按选定的斜坡下降速率减速停车,默认值运行时此键被封锁,为了允许此键操作,应设定 P0700=1; OFF2:按此键两次(或一次,但时间较长)电动机将在惯性作用下自由停车,此功能总是"使能"的
⟲	改变电动机的转动方向	按此键可以改变电动机的转动方向,电动机的反向用负号(—)表示或用闪烁的小数点表示,缺省值运行时此键是被封锁的,为了使此键的操作有效,应设定 P0700=1
jog	电动机点动	在变频器无输出的情况下按此键,将使电机启动,并按预设定的点动频率运行,释放此键时,变频器停车,如果电动机正在运行,按此键将不起作用
Fn	功能	浏览辅助信息——变频器运行过程中,在显示任何一个参数时按下此键并保持不动 2 秒钟,将显示以下参数值(在变频器运行中,从任何一个参数开始): ① 直流回路电压(用 d 表示—单位:V); ② 输出电流(A); ③ 输出频率(Hz); ④ 输出电压(用 o 表示—单位:V); ⑤ 由 P0005 选定的数值(如果 P0005 选择显示上述参数中的任何一个(3,4 或 5),这里将不再显示); 连续多次按下此键,将轮流显示以上参数 跳转功能——在显示任何一个参数(rXXXX 或 PXXXX)时短时间按下此键,将立即跳转到 r0000,如果需要的话,可以接着修改其他的参数。跳转到 r0000 后,按此键将返回原来的显示点; 故障确认——在出现故障或报警的情况下,按下此键可以对故障或报警进行确认

续表 4-4

显示/按钮	功 能	功能说明
Ⓟ	访问参数	按此键即可访问参数
▲	增加数值	按此键即可增加面板上显示的参数数值
▼	减少数值	按此键即可减少面板上显示的参数数值

2. 基本操作面板修改设置参数的方法

MM440 在默认设置时，用 BOP 控制电动机的功能是被禁止的。如果要用 BOP 进行控制，参数 P0700 应设置为 1，参数 P1000 也应设置为 1。用基本操作面板（BOP）可以修改任何一个参数。修改参数的数值时，BOP 有时会显示 busy，表明变频器正忙于处理优先级更高的任务。下面就以设置 P1000=1 的过程为例，来介绍通过基本操作面板（BOP）修改设置参数的流程（见表 4-5）。

表 4-5 基本操作面板（BOP）修改设置参数流程

序 号	操作步骤	BOP 显示结果
1	按 Ⓟ 键，访问参数	r0000
2	按 ▲ 键，直到显示 P1000	P1000
3	按 Ⓟ 键，直到显示 in000，即 P1000 的第 0 组值	in000
4	按 Ⓟ 键，显示当前值 2	2
5	按 ▼ 键，达到所要求的值 1	1
6	按 Ⓟ 键，存储当前设置	P1000
7	按 Ⓟ 键，显示 r0000	r0000
8	按 Ⓟ 键，显示频率	50.00

3. 改变参数数值的一个数

为了快速修改参数的数值，可以一个个地单独修改显示出的每个数字，操作步骤如下：

① 按 Ⓕⁿ（功能键），最右边的一个数字闪烁；
② 按 ▲/▼，修改这位数字的数值；
③ 再按 Ⓕⁿ（功能键），相邻的下一个数字闪烁；
④ 执行②至④步，直到显示所要求的数值；
⑤ 按 Ⓟ，退出参数数值的访问级。

【任务实施】

本任务的任务书见表 4-6，任务完成报告书见表 4-7。

表4-6 任务书

任务名称	变频器的基本使用				
班级		姓名		组别	
任务目标	① 了解 MM440 的特性 ② 掌握 MM440 的接线 ③ 掌握 MM440 的基本参数设置				
任务内容	通过变频器操作面板对电动机的启动、正反转、点动、调速控制				
资料		工具		设备	
《MM440调试手册》		电工工具(1套)、连接导线若干		西门子 MM440 变频器,小型三相异步电动机	

表4-7 任务完成报告书

任务名称	变频器的基本使用				
班级		姓名		组别	
任务内容					

1. 按要求接线

系统接线如图 4-19 所示,检查电路正确无误后,合上主电源开关 QS。

2. 参数设置

① 设定 P0010=30 和 P0970=1,按下 P 键,开始复位,复位过程大约 3 min,这样就可保证变频器的参数回复到工厂默认值。

② 设置电动机参数,为了使电动机与变频器相匹配,需要设置电动机参数。电动机参数设置见表 4-8。电动机参数设定完成后,设 P0010=0,变频器当前处于准备状态,可正常运行。

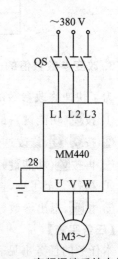

图 4-19 变频调速系统电气图

表 4-8 电动机参数设置

参数号	出厂值	设置值	说明
P0003	1	1	设定用户访问级为标准级
P0010	0	1	快速调试
P0100	0	0	功率以 kW 表示,频率为 50 Hz
P0304	230	380	电动机额定电压(V)
P0305	3.25	1.05	电动机额定电流(A)
P0307	0.75	0.37	电动机额定功率(kW)
P0310	50	50	电动机额定频率(Hz)
P0311	0	1400	电动机额定转速(r/min)

③ 设置面板操作控制参数(见表 4-9)。

表 4-9 面板基本操作控制参数

参数号	出厂值	设置值	说明
P0003	1	1	设用户访问级为标准级
P0010	0	0	正确地进行运行命令的初始化
P0004	0	7	命令和数字 I/O
P0700	2	1	由键盘输入设定值(选择命令源)
P0003	1	1	设用户访问级为标准级
P0004	0	10	设定值通道和斜坡函数发生器
P1000	2	1	由键盘(电动电位计)输入设定值
P1080	0	0	电动机运行的最低频率(Hz)
P1082	50	50	电动机运行的最高频率(Hz)
P0003	1	2	设用户访问级为扩展级
P0004	0	10	设定值通道和斜坡函数发生器
P1040	5	20	设定键盘控制的频率值(Hz)
P1058	5	10	正向点动频率(Hz)
P1059	5	10	反向点动频率(Hz)
P1060	10	5	点动斜坡上升时间(s)
P1061	10	5	点动斜坡下降时间(s)

3. 变频器运行操作

① 变频器启动:在变频器的前操作面板上按运行键,变频器将驱动电动机升速,并运行在由 P1040 所设定的 20 Hz 频率对应的 560 r/min 的转速上。

② 正反转及加减速运行:电动机的转速(运行频率)及旋转方向可直接通过按前操作面板上的增大键/减小键(▲/▼)来改变。

③ 点动运行:按下变频器前操作面板上的点动键,则变频器驱动电动机升速,并运行在由 P1058 所设置的正向点动 10 Hz 频率值上。当松开变频器前操作面板上的点动键,则变频器将驱动电动机降速至零。这时,如果按下一变频器前操作面板上的换向键,在重复上述的点动运行操作,电动机可在变频器的驱动下反向点动运行。

④ 电动机停车：在变频器的前操作面板上按停止键◎，则变频器将驱动电动机降速至零。

任务三　PLC控制变频器实现电机调速运行

【任务描述】

本任务中，在熟悉MM440变频器外部端子控制的基础上，将S7-300PLC与MM440外部端子连接，实现MM440变频器的三段速运行。通过任务的实施，掌握MM440变频器的多段速的参数设置和与PLC的接线，以及PLC的控制编程调试。

【知识储备】

一、MM440变频器的数字输入端口

MM440变频器有6个数字输入端口，具体如图4-20所示。

二、数字输入端口功能

MM440变频器的6个数字输入端口（DIN1～DIN6），即端口5、6、7、8、16和17，每一个数字输入端口功能很多，用户可根据需要进行设置。参数号P0701～P0706为与端口数字输入1功能至数字输入6功能，每一个数字输入功能设置参数值范围均为0～99，出厂默认值均为1。以下列出其中几个常用的参数值，各数值的具体含义见表4-10。

表4-10　MM440数字输入端口功能设置表

参数值	功能说明
0	禁止数字输入
1	ON/OFF1（接通正转、停车命令1）
2	ON/OFF1（接通反转、停车命令1）
3	OFF2（停车命令2），按惯性自由停车
4	OFF3（停车命令3），按斜坡函数曲线快速降速
9	故障确认
10	正向点动
11	反向点动
12	反转
13	MOP（电动电位计）升速（增加频率）
14	MOP降速（减少频率）
15	固定频率设定值（直接选择）
16	固定频率设定值（直接选择＋ON命令）
17	固定频率设定值（二进制编码选择＋ON命令）
25	直流注入制动

三、MM440 变频器的多段速控制功能及参数设置

多段速功能,也称作固定频率,就是设置参数 P1000＝3 的条件下,用开关量端子选择固定频率的组合,实现电机多段速度运行。其运行的接线图如图 4-21 所示。可通过如下三种方法实现。

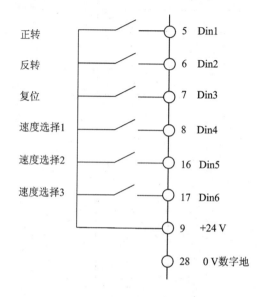

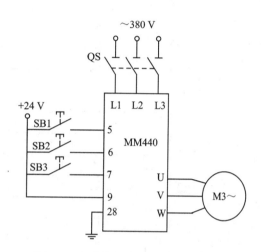

图 4-20　MM440 变频器的数字输入端口　　　图 4-21　变频器多段速运行的接线图

（1）直接选择(P0701－P0706＝15)

在这种操作方式下,一个数字输入选择一个固定频率,端子与参数设置对应见表 4-11。

表 4-11　端子与参数设置对应表

端子编号	对应参数	对应频率设置值	说　明
5	P0701	P1001	① 频率给定源 P1000 必须设置为 3; ② 当多个选择同时激活时,选定的频率是它们的总和
6	P0702	P1002	
7	P0703	P1003	
8	P0704	P1004	
16	P0705	P1005	
17	P0706	P1006	

（2）直接选择 ＋ ON 命令(P0701 － P0706 ＝ 16)

在这种操作方式下,数字量输入既选择固定频率(见表 4-11),又具备启动功能。

（3）二进制编码选择 ＋ ON 命令(P0701 － P0704 ＝ 17)

MM440 变频器的六个数字输入端口(DIN1～DIN6),通过 P0701～P0706 设置实现多频段控制。每一频段的频率分别由 P1001～P1015 参数设置,最多可实现 15 频段控制,各个固

定频率的数值选择见表 4-12。在多频段控制中,电动机的转速方向是由 P1001~P1015 参数所设置的频率正负决定的。6 个数字输入端口,哪一个作为电动机运行、停止控制,哪些作为多段频率控制,是可以由用户任意确定的,一旦确定了某一数字输入端口的控制功能,其内部的参数设置值必须与端口的控制功能相对应。

表 4-12　固定频率选择对应表

频率设定	DIN4	DIN3	DIN2	DIN1
P1001	0	0	0	1
P1002	0	0	1	0
P1003	0	0	1	1
P1004	0	1	0	0
P1005	0	1	0	1
P1006	0	1	1	0
P1007	0	1	1	1
P1008	1	0	0	0
P1009	1	0	0	1
P1010	1	0	1	0
P1011	1	0	1	1
P1012	1	1	0	0
P1013	1	1	0	1
P1014	1	1	1	0
P1015	1	1	1	1

【任务实施】

本任务的任务书见表 4-13,任务完成报告书见表 4-14。

表 4-13　任务书

任务名称	PLC 控制变频器实现电机调速运行				
班级		姓名		组别	
任务目标	① 了解 MM440 的多段速运行的过程 ② 掌握 MM440 三段速运行时与 PLC 的端子接线 ③ 掌握 MM440 三段速运行的参数设置				
任务内容	通过变频器参数设置完成与 PLC 三段速运行,编写 PLC 程序完成调试				
资料		工具		设备	
《MM440 调试手册》		电工工具(1 套) 连接导线若干		西门子 MM440 变频器 小型三相异步电动机 S7-314 2PN/DP 一套	

表 4-14 任务完成报告书

任务名称	PLC 控制变频器实现电机调速运行				
班级		姓名		组别	
任务内容					

1. 硬件接线

PLC 与变频器的接线图如图 4-22 所示。

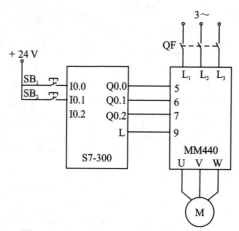

图 4-22 PLC 控制三段速运行接线图

2. 参数设置

① 恢复变频器工厂默认值,设定 P0010=30,P0970=1。按下 P 键,变频器开始复位到工厂默认值。

② 设置电动机参数(见表 4-15)。电动机参数设置完成后,设 P0010=0,变频器当前处于准备状态,可正常运行。

表 4-15 电动机参数设置

参数号	出厂值	设置值	说明
P0003	1	1	设用户访问级为标准级
P0010	0	1	快速调试
P0100	0	0	工作地区；功率以 kW 表示，频率为 50 Hz
P0304	230	380	电动机额定电压(V)
P0305	3.25	0.95	电动机额定电流(A)
P0307	0.75	0.37	电动机额定功率(kW)
P0308	0	0.8	电动机额定功率(COSΦ)
P0310	50	50	电动机额定频率(Hz)
P03111	0	2800	电动机额定转速(r/min)

③ 设置变频器 3 段固定频率控制参数(见表 4-16)。

表 4-16 变频器 3 段固定频率控制参数设置

参数号	出厂值	设置值	说明
P0003	1	1	设用户访问级为标准级
P0004	0	7	命令和数字 I/O
P0700	2	2	命令源选择由端子排输入
P0003	1	2	设用户访问级为拓展级
P0004	0	7	命令和数字 I/O
P0701	1	17	选择固定频率
P0702	1	17	选择固定频率
P0703	1	1	ON 接通正转，OFF 停止
P0003	1	1	设用户访问级为标准级
P0004	2	10	设定值通道和斜坡函数发生器
P1000	2	3	选择固定频率设定值
P0003	1	2	设用户访问级为拓展级
P0004	0	10	设定值通道和斜坡函数发生器
P1001	0	20	选择固定频率 1 Hz
P1002	5	30	选择固定频率 2 Hz
P1003	10	50	选择固定频率 3 Hz

3. PLC 程序编写

当按下启动按钮 SB1，电动机正转，运行在 20 Hz 的转速上；延时 10 s，电动机运行在 30 Hz 的转速上；再延时 10 s，电动机运行在 50 Hz 的转速上，10 s 后再次循环运行。当按下停止按钮 SB2，电动机停止。三段速循环运行 PLC 控制梯形图如图 4-23 所示。

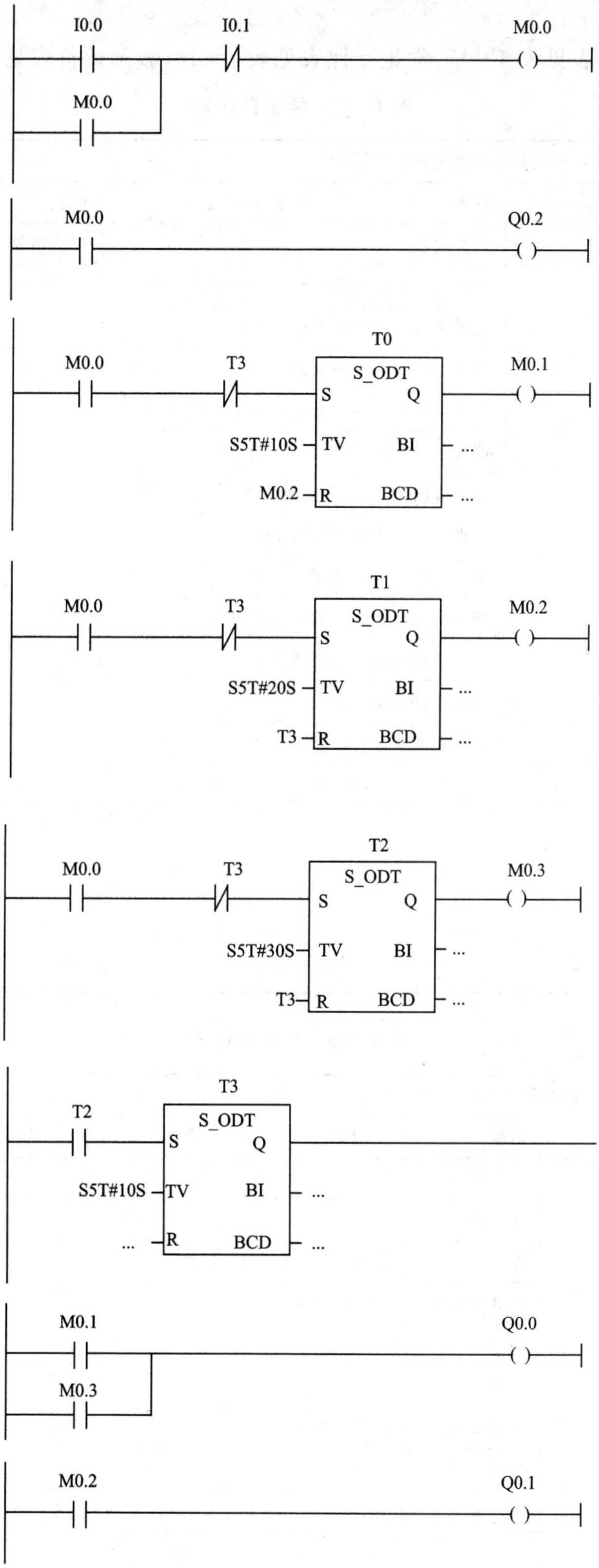

项目四　PLC控制异步电机变频调速运行

图 4-23　三段速循环运行 PLC 程序

【项目评价】

本项目学生自评表见表4-17,学生互评表见表4-18,教师评价表见表4-19。

表4-17 学生自评表

项目四 PLC控制异步电机变频调速运行			
班级	姓名	学号	组别
评价项目	评价内容		评价结果
专业能力	能够理解变频器的结构和工作原理		
	能够掌握电机变频调速的特性		
	能够掌握变频器的参数设置		
	能够掌握掌握变频器与PLC电气接线		
方法能力	能够遵守电气安全操作规程		
	能够查阅PLC工艺控制手册		
	能够正确使用选择使用工具		
	能够对自己学习情况进行总结		
社会能力	能够积极与小组内同学交流讨论		
	能够正确理解小组任务分工		
	能够主动帮助他人		
	能够正确认识自己错误并改正		
自我评价与反思			

表4-18 学生互评表

项目四 PLC控制异步电机变频调速运行				
被评价人	班级	姓名	学号	组别
评价人				
评价项目	评价内容			评价结果
专业能力	能够正确对变频器和PLC进行电气接线			
	能够熟练掌握变频器的参数设置			
	能够掌握PLC控制程序编写与调试			
方法能力	遵守电气安全操作规程情况			
	查阅MM440使用手册情况			
	使用工具情况			
	对任务完成总结情况			

续表 4-18

社会能力	团队合作能力	
	交流沟通能力	
	乐于助人情况	
	学习态度情况	
综合评价		

表 4-19 教师评价表

项目四 PLC 控制异步电机变频调速运行						
被评价人	班级		姓名	学号		组别
评价项目	评价内容			评价结果		
专业知识掌握情况	充分理解项目的要求及目标					
	变频器的结构组成					
	变频调速的原理与分类					
	变频器的参数设置与控制接线					
任务实操及方法掌握情况	安全操作规程掌握情况					
	PLC 程序的编写					
	变频器器的参数设定					
	查阅 PLC、变频器手册情况					
	使用工具情况					
	任务完成总结情况					
社会能力培养情况	积极参与小组讨论					
	主动帮助他人					
	善于表达及总结发言					
	认识错误并改正					
综合评价						

【思考题】

① 变频器的分类方式有哪些？它们是如何分类的？
② 变频器常用的控制方式有哪些？
③ 一般的通用变频器包含哪几种电路？
④ 比较电压型变频器和电流型变频器的特点。

项目五　PLC控制伺服电机的运行

伺服运动控制系统是一种能够跟踪输入的指令信号进行动作，从而获得精确的位置、速度及动力输出的自动控制系统。例如，防空雷达控制就是一个典型的伺服控制过程，它是以空中的目标为输入指令要求，雷达天线要一直跟踪目标，为地面炮台提供目标方位；加工中心的机械制造过程也是伺服控制过程，位移传感器不断地将刀具进给的位移传送给计算机，通过与加工位置目标比较，计算机输出继续加工或停止加工的控制信号。绝大部分机电一体化系统都具有伺服功能，机电一体化系统中的伺服控制是为执行机构按设计要求实现运动而提供控制和动力的重要环节。伺服运动控制系统包含单轴速度伺服系统、单轴位置伺服系统和多轴运动协调系统等。伺服系统通常是位移、速度、加速度的闭环控制系统。

伺服运动控制系统简称伺服系统(Servo System)，亦称随动系统，它用来控制被控对象的转角(或位移)，使其能自动地、连续地、精确地复现输入指令的变化规律。它通常是具有负反馈的闭环控制系统，有的场合也可以用开环控制来实现其功能。伺服系统是一种以机械位置或角度作为控制对象的自动控制系统，如数控机床、生产机械等。在诸多自动化设备中亦有伺服驱动系统存在，如在智能制造技术创新与应用开发平台实训设备中，通过PLC控制伺服驱动器，由伺服驱动器控制伺服电机的旋转以实现工作组件的定位。

伺服系统的最大特点是"比较指令值与当前值，为了缩小该误差"进行反馈控制。反馈控制中，确认被控对象是否忠实地按照指令进行跟踪，有误差时改变控制指令，并将这一过程进行反复控制，以达到目标。该控制流程是：误差→当前值→误差，形成一个闭合的环，因此也称为闭环(CLOSED LOOP)；反之，无反馈的方式，则称为开环(OPEN LOOP)。伺服系统的工作原理是在开环控制的交直流电机的基础上将速度和位置信号通过旋转编码器、旋转变压器等反馈给驱动器做闭环负反馈的PID调节控制，再加上驱动器内部的电流闭环，通过这3个闭环调节，使电机的输出对设定值追随的准确性和时间响应特性都大大提高。伺服系统是个动态的随动系统，达到的稳态平衡也是动态的平衡。

任务一　认识伺服运动控制系统

【任务描述】

本次任务的主要目的是认识伺服运动控制系统，了解系统的组成、分类及控制原理；了解伺服系统各组成元件的工作过程。

【知识储备】

一、伺服运动控制系统组成

机电一体化的伺服运动控制系统的结构、类型繁多，但从自动控制理论的角度来分析，伺服控制系统一般包括控制器、被控对象、执行机构、驱动器、反馈装置、比较环节等六部分,其系统组成原理框图如图5-1所示。

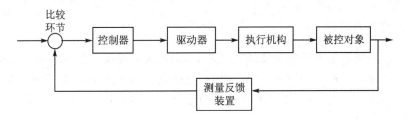

图5-1 伺服运动控制系统的组成框图

① 比较环节是将输入的指令信号与系统的反馈信号进行比较,以获得输出与输入间的偏差信号的环节,通常由专门的电路或计算机来实现。

② 控制器通常是PLC、计算机或者PID控制电路,主要任务是对比较元件输出的偏差信号进行变换处理,以控制执行元件按要求动作。

③ 驱动器一般是驱动伺服电机的放大电路,将由控制器发出来的控制命令进行放大并转换成电机可以接收的驱动命令。

④ 执行机构的作用是按控制信号的要求,将输入的各种形式的能量转化成机械能,驱动被控对象工作。机电一体化系统中的执行元件一般指各种电机或液压、气动伺服机构等。

⑤ 被控对象是指被控制的机构或装置,是直接完成系统目的的主体。一般包括负载及其传动系统。

⑥ 测量反馈装置是指能够对输出进行测量,并转换成比较环节所需要的量纲的装置,一般包括传感器和转换电路。

在实际的伺服控制系统中,上述的每个环节在硬件特征上并不独立,可能几个环节在一个硬件中,如伺服电动机本身作为一个执行元件,又集成了光电编码器,实现了检测元件的功能。

二、伺服系统的基本要求

对伺服系统的基本要求有稳定性、精度、快速响应性和抗噪音能力等要求。

1. 稳定性好

稳定性是指系统在给定输入或外界干扰作用下,能在短暂的调节过程后到达新的或者恢复到原有的平衡状态。通常要求承受额定力矩变化时,静态速率应小于5%,动态速率应小于10%。

2. 精度高

伺服系统的精度是伺服系统的一项重要的性能要求。它是指其输出量复现输入指令信号的精确程度。作为精密加工的数控机床,要求的定位精度或轮廓加工精度和进给精度通常都比较高,这也是伺服系统静态特性与动态特性指标是否优良的具体表现。允许的偏差一般都在0.01~0.001 mm之间,高的可达到±0.0001~±0.00005 mm。相应地,对伺服系统的分辨率也提出了要求。当伺服系统接受控制器送来的一个脉冲时,工作台相应移动的单位距离叫分辨率。系统分辨率取决于系统的稳定工作性质和所使用的位置检测元件。目前的闭环伺服系统都能达到 1 μm 的分辨率。高精度数控机床也可达到 0.1 μm 的分辨率,甚至更小。

3. 快速响应并无超调

快速响应性是伺服系统动态品质的标志之一,即要求跟踪指令信号的响应要快,一方面要求过渡过程时间短,一般在 200 ms 以内,有的甚至小于几十毫秒,且速度变化时不应有超调;另一方面是负载突变时,要求过渡过程的前沿要尽可能陡,即上升率要大,恢复时间要短,且无振荡。

4. 抗噪音能力

伺服系统的抗噪音能力描述了系统对噪音源的放大程度,噪音干扰会导致系统发热、振荡,扭矩波动和杂音等不良现象。伺服增益越高,系统的抗噪音能力将越低。

伺服系统的调整主要是系统的各项控制增益的调整,当增益调整较高时,可以使得系统具有较快的响应速度,加大积分时间常数时,可以降低系统的超调从而提高系统抗扭矩干扰的能力,然而又牺牲了系统相应的快速性。另一个方面,过高的增益将使得系统的稳定性和抗噪音能力下降。因此,伺服系统的调整实际上是一个寻求系统各项性能的相互平衡并使整体性能最优的决策过程。

三、伺服系统的分类

1. 按调节理论分类

(1) 开环伺服系统

这是一种比较原始的伺服系统。这类伺服系统将零件的程序处理后,输出脉冲指令给伺服系统,驱动负载设备运动,没有来自位置传感器的反馈信号。最典型的系统就是采用步进电动机的伺服系统,如图 5-2 所示。它一般由环形分配器、步进驱动装置、步进电动机、配送齿轮和丝杠螺母等组成。数控系统每发出一个指令脉冲,经驱动电路功率放大后,驱动步进电动机旋转一个固定角度(即步距角),再经传动机构带动工作台移动。这类系统信息流是单向的,即进给脉冲发出去后,实际移动值不再反馈回来,所以称为开环控制。这类开环控制系统的特点是结构简单,方便;位置控制精度取决于步进电机的精度、传动系统的精度以及摩擦阻尼等参数。

(2) 全闭环伺服系统

这类伺服系统带有检测装置,直接对工作台的位移量进行检测,其原理如图 5-3 所示。当数控装置发出唯一指令脉冲,经电动机和机械传动装置使机床工作台移动时,安装在工作台上的位置检测器把机械位移变成电参量,反馈到输入端和输入信号相比较,得到的差值经过放大的变换,最后驱动工作台向减少误差的方向移动,直到差值等于零为止。这类控制系统,因为把机床工作台纳入了位置控制环,故称为全闭环控制系统,常见的检测原件有旋转变压器、感应同步器、光栅、磁栅和编码盘等。目前全闭环系统的分辨率多数为 1 μm。系统精度取决

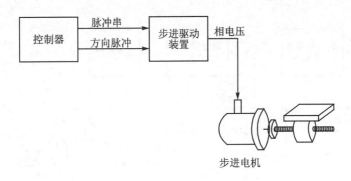

图 5-2　开环伺服系统组成示意图

于测量装置的制造精度和安装精度。该系统可以消除包括工作台传动链在内的误差,因而定位精度高、调节速度快。但由于该系统受进给丝杠的拉压刚度、扭转刚度、摩擦阻尼特性和间隙等非线性因素的影响,给调试工作造成很大困难。若各种参数匹配不当,将会引起系统振荡,造成不稳定,影响定位精度,而且系统复杂和成本高。因此该系统使用于精度要求很高的数控机床,比如镗铣床、超精车床、超精铣床等。

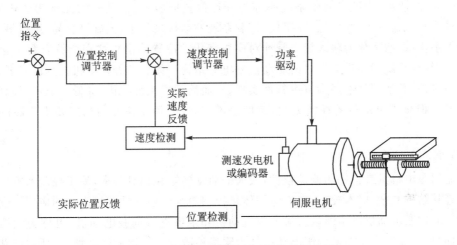

图 5-3　全闭环伺服控制系统组成示意图

(3) 半闭环伺服系统

大多数的精度要求不太高的数控机床是半闭环伺服系统。这类系统用安装在进给丝杠轴端或电动机轴端的角位移测量元件,如旋转变压器、脉冲编码器、圆光栅等来代替安装在机床工作台上的直线测量原件,用测量丝杠或电动机轴旋转角位移来代替测量工作台直线位移,其组成示意图如图 5-4 所示。因这种系统未将丝杠螺母副、齿轮传动副等传动装置包含在闭环反馈系统中,所以称之为半闭环控制系统。它不能补偿位置闭环系统外的传动装置的传动误差,却可以获得稳定的控制特性。这类系统介于开环与闭环之间,精度没有闭环高,调试却比闭环方便,因而得到了很广泛的应用。

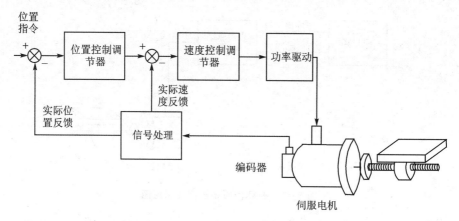

图 5-4 半闭环伺服控制系统组成示意图

2. 按使用的驱动元件分类

（1）步进伺服系统

如图 5-2 所示，步进式伺服系统亦称为开环位置伺服系统，其驱动元件为步进电动机。功率步进电动机盛行于 20 世纪 70 年代，控制系统的结构最简单，控制最容易，维修最方便，控制为全数字化（即数字化的输入指令脉冲对应数字化的位置输出），这完全符合数字化控制技术的要求，数控系统与步进电动机的驱动控制电路结为一体。随着计算机技术的发展，除功率驱动电路之外，其他硬件电路均可由软件实现，从而简化了系统结构，降低了成本，提高了系统的可靠性。但步进电动机的耗能太大，速度也不高，主要用于速度与精度要求不高的应用系统中。

（2）直流伺服系统

直流伺服电机具有良好的调速特性，较大的启动转矩和相对功率，易于控制及响应快等优点。尽管其结构复杂、成本较高，在机电一体化控制系统中还是具有较广泛的应用。直流伺服系统常用的伺服电动机有小惯量直流伺服电动机和永磁直流伺服电动机（也称为大惯量宽调速直流伺服电动机）。小惯量伺服电动机最大限度地减少了电枢的转动惯量，所以能获得最好的快速性。小惯量伺服电动机一般都设计成有高的额定转速和低的惯量，所以应用时要经过中间机械传动（如减速器）才能与丝杠相连解。近年来，力矩电动机有了新的发展，永磁直流伺服电动机的额定转速很低，可以在 1 r/min 甚至在 0.1 r/min 下平稳地运转，这样低速运行的电动机，其转轴可以和负载直接耦合，省去了减速器，简化了结构，提高了传动精度。因此，自 20 世纪 70 年代至 80 年代中期，这种直流伺服系统在数控机床上的应用占了绝对统治地位，至今许多数控机床上仍使用这种直流伺服系统。

直流伺服电动机按励磁方式可分为电磁式和永磁式两种。电磁式的磁场由励磁绕组产生；永磁式的磁场由永磁体产生。电磁式直流伺服电动机是一种普遍使用的伺服电动机，特别是大功率电机（100 W 以上）。永磁式伺服电动机具有体积小、转矩大、力矩和电流成正比、伺服性能好、响应快、功率体积比大、功率重量比大、稳定性好等优点。由于功率的限制，目前主要应用在办公自动化、家用电气、仪器仪表等领域。

(3) 交流伺服系统

20世纪后期,随着电力电子技术的发展,交流电动机越来越普遍地应用于伺服控制。与直流伺服电动机相比,交流伺服电动机不需要电刷和换向器,因而维护方便并且对环境无要求;此外,交流电动机还具有转动惯量、体积和重量较小,结构简单,价格便宜等优点;尤其是交流电动机调速技术的快速发展,使它得到了更广泛的应用。交流电动机的缺点是转矩特性和调节特性的线性度不及直流伺服电动机好,其效率也比直流伺服电动机低。交流伺服系统使用交流异步伺服电动机和永磁同步伺服电动机。由于直流伺服电动机存在着有电刷等一些固有缺点,使其应用环境受到限制。交流伺服电动机没有这些缺点,且转子惯量此直流电动机小,使其动态响应好。在同样体积下,交流电动机的输出功率可比直流电动机提高10%~70%。另外,交流电动机可以拥有比直流电动机更大的容量,达到更高的电压和转速。因此,在伺服系统设计时,除某些操作特别频繁或交流伺服电动机在发热和启、制动特性不能满足要求时选择直流伺服电动机外,一般尽量考虑选择交流伺服电动机。

四、影响伺服系统性能的因素

(1) 电 机

电机是伺服系统的重要组成部分,电机执行能力的好坏将决定整个伺服系统的控制特性。常见的伺服电机可以分为直流调速电机与交流调速电机,和直流电机相比,交流伺服电机没有直流电机的换向器和电刷等带来的缺点。同时,电机的转动惯量、转子阻抗、电刷结构以及散热等都会影响伺服系统的性能。

(2) 编码器

编码器作为控制的反馈元件,也是影响系统精度的重要因素。首先,编码器的脉冲数会直接影响系统的定位和速度控制精度;其次,编码器的最高转速也制约电机的最大转速。目前,用于伺服控制系统的编码器通常为光电编码器,其分为增量式、绝对值、正余弦以及旋转变压式等类型。编码器的抗干扰能力会给系统的稳定性带来直接的影响。对于永磁同步电机,正确的转子位置识别也是控制的前提,因此,编码器能提供给驱动器正确的转子位置,也是控制的关键。

(3) 伺服驱动器

伺服驱动器是伺服控制的核心,根据电机类型的不同,驱动器也分为不同的种类,如晶体管放大驱动器、直流驱动器及交流驱动器,目前工控行业比较常见的是交流驱动器。例如,台达公司推出的ASDA-B2系列伺服驱动器驱动器,是通过SPWM方式来控制电机的,其控制方式是空间矢量控制。通常情况下,电流与速度环都是在驱动器中实现的,而位置控制可以在运动控制器中完成,也可以在驱动器中实现。电流环与速度环的闭环特性是衡量一个控制系统性能的标准,如电流环与速度环的采样周期,速度环与电流环的带宽,控制回路上的各种滤波、延迟等,都会影响系统的精读与动态响应能力。

(4) 运动控制器

运动控制是在驱动器的速度环基础上,增加了位置控制、齿轮同步、凸轮、插补等运动控制功能的控制方式。运动控制器对伺服驱动器的控制方式有三种,即数字通信方式、模拟量方式、脉冲方式。

① 数字通信方式：分辨率高，信号传输快速、可靠，可以实现高性能的灵活控制，需要通信协议。例如，台达公司的 PLC 与驱动器之间的数据交换可以选用 CANopen 协议的方式，还有其他一些欧系公司采用 PROFINET 网络总线的方式，日系安川公司推出了基于 MECHA-TROLINK 总线的驱动产品，通过以上通信方式，实现了传动与运动控制之间的数据传输控制，特别适合于需要各轴间的协调同步和插补控制的应用，除了实现机械所必需的转矩、位置、速度控制以外，还可实现要求精度极高的相位协调控制等。

② 模拟量方式：分辨率低，信号可靠性与抗干扰能力差，但兼容性好。例如，西门子的运动控制器 simotion 与第三方驱动器之间的控制可以通过模拟量的方式来实现。

③ 脉冲方式：可靠性高，快速性差，灵活性差，是目前中低端伺服驱动系统较为常用的一种方式。

在系统选型过程中，运动控制对驱动器的控制方式是设计者需要考虑的重要因素。通信是最稳定、快捷的控制方式，同时要考虑通信的传输速度。通信周期受通信速率与数据量大小的制约，同时受通信周期的限制，运动控制器的插补周期与位置环采样周期通常为通信周期的整数倍。对于运动控制器来说，其插补周期与位置环采样周期是衡量系统性能的关键。

（5）机械传动

电机通常靠机械传动结构（如联轴器、齿轮箱、丝杠、传送带、机械凸轮等）与负载相接。这样，联轴器的刚性、齿轮间隙、传送带的松紧都会影响系统的控制精度。例如，对于直线移动的执行部件，电机通常靠同步皮带轮或者丝杠进行连接，同步皮带轮的啮合间隙或者丝杠螺母的滚珠与滚道间隙等，都会对直线运动位移精度造成影响。而对于机械凸轮，必须保证速度或加速度边界条件，才能使系统不至于产生机械谐振。

（6）负载

作为控制的最终对象，负载对系统性能的影响也不可忽略。负载的转动惯量的大小会影响系统的动态特性，如转动惯量大，其加速度与停止过程中会要求系统的输出扭矩大，要求驱动器的驱动能力高。另外负载与电机的转动惯量比也会影响系统的性能，转动惯量比越小，控制越容易，但电机的效率越低；惯量比越大，会给系统的高频带来谐振点，从而增加控制难度。关于电机惯量比的分配，可以参考 Bosch Rexroth 公司给出的"适配标准"：快速定位＜2:1，修正定位＜5:1，高速率变换＜10:1。

（7）安　装

待上述对象都得到确认后，现场装置的安装也会给整个系统带来新的问题，例如，如何做好系统的接地，如何避免 EMC 干扰，使用合适的屏蔽电缆等，都是系统设计不可忽视的问题。

（8）系统的成套性

在整个运动控制系统的设计中，建议使用者尽可能采用同一厂家的产品，包括运动控制器、驱动器、伺服电机等，保证系统的成套性，因为这样能避免如连线、配置、通信等方面的问题。单独购买各部件所带来的问题首先是连接顺序的复杂化，电机、驱动终端和反馈设备（包括编码器、分解器、霍尔传感器等）可以有多种不同的连接次序。采用同一供应商的电机和驱动器还有一个好处，就是能更好地安装、调试软件，并确保其兼容性。另外，每一款电机的参数都不一致，与其匹配的驱动器都有其默认参数，从电机参数的识别方式来看，驱动器也有专有的识别方式。对于第三方电机,驱动器所能够识别的程序可能不够准确;而在精密的运动控制系统中,一个参数的差别可能会影响电机的驱动性能,从而影响控制精度。

五、伺服系统的应用

由于具有通用性,伺服机构的应用领域非常广泛,如计算机的 DVD 驱动器、HD 驱动器,复印机的送纸机构,数码摄像机的录像带传送机构等。从与生活密切相关的领域到飞机的控制机构、天文望远镜的驱动机构等,更不用说工业领域,伺服无处不在。下面简要介绍伺服控制系统在搬运设备、卷材设备、食品加工设备等方面的应用。

1. 搬运控制

自动仓库分拣系统示意图如图 5-5 所示。在自动仓库中,分拣部和行走部已越来越多地采用 AC 伺服电机,以满足高速化需求。由于采用了 AC 伺服电机,可实现高速运行以及平稳的加速、减速。与 SCM(供应链管理)相结合的自动仓库分拣系统从原料采购到商品发送等各个环节,可大幅提高物流库存管理的效率。

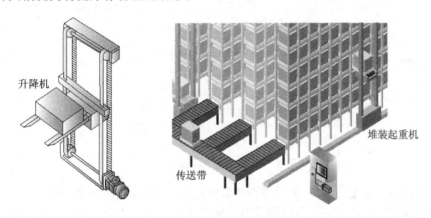

图 5-5 自动仓库系统示意图

2. 卷材设备

处理纸、薄膜等超长材料(卷材)的设备,也称为卷筒,大致可分为开卷、加工和卷绕。加工处理随应用领域(纵向剪切机、层压机、印刷)而异,但整个机构基本相同,基本上使用高精度伺服系统实现对伺服电机转矩的精确控制。纵向剪切机是将经过加工部处理的卷材在最终工序卷绕部进行裁切的机械。控制张力的同时,用裁切器正确地裁切,图 5-6 所示为其工作示意图。

3. 食品加工设备

随着对食品处理要求的不断提高,高品质且安全的食品加工的需求越来越迫切。在这样的形势下,伺服机构在食品加工领域的应用不断取得进展。

用薄膜卫生且正确地包装食品时,也用到伺服机构。使用卷筒形状的薄膜,根据各种食品的大小进行包装后,切割成正确的尺寸并分离薄膜是技术的关键。图 5-7 所示为包装机流水

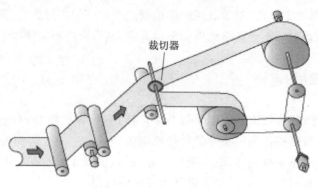

图 5-6 剪切机工作示意图

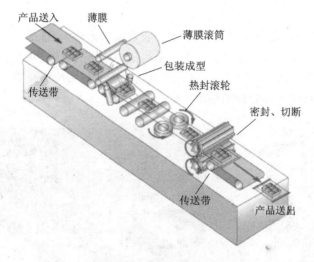

图 5-7 包装机流水线示意图

线的工作示意图,系统中传送带、薄膜卷筒均是通过高精度伺服控制系统驱动的。

灌装流水线是将不同产品、不同容量的液体高速灌入各种形状的瓶子。可以根据瓶子的形状,控制灌入速度,将液体灌入到指定量而不起泡。在整个生产线中,输送带的控制通常是通过伺服驱动控制系统实现精确的定位控制。图 5-8 所示为灌装流水线工作示意图。

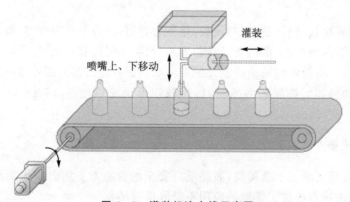

图 5-8 灌装机流水线示意图

项目五　PLC控制伺服电机的运行

【任务实施】

本任务的任务书见 5-8，任务完成报告书见表 5-2。

表 5-1　任务书

任务名称	认识伺服运动控制系统				
班级		姓名		组别	
任务目标	① 了解伺服运动控制系统的组成 ② 掌握伺服控制系统的分类 ③ 了解影响伺服控制系统稳定运行的因素				
任务内容	根据常用的电气伺服控制系统，分析其控制系统组成及各部分的作用，总结各种不同类型的伺服控制系统的特点				
资料		工具		设备	
《伺服控制系统》 《伺服与运动控制系统设计》		无		无	

表 5-2　任务完成报告书

任务名称	认识伺服运动控制系统				
班级		姓名		组别	
任务内容					

任务二　伺服驱动器的基本使用

20 世纪 80 年代以来，随着集成电路、电力电子技术和交流可变速驱动技术的发展，永磁交流伺服驱动技术有了突出的发展，交流伺服系统已成为当代高性能伺服系统的主要发展方向。当前，高性能的电伺服系统大多采用永磁同步型交流伺服电动机，控制驱动器多采用快速、准确定位的全数字位置伺服系统。典型生产厂家如德国西门子、美国科尔摩根和日本三菱及安川等公司，国内的生产厂家有汇川、台达公司等。

典型的 PLC 控制伺服电机的系统结构如图 5-9 所示。在系统中，PLC 作为主控制器对伺服驱动器发出位置脉冲信号、方向脉冲信号及相关 I/O 信号，伺服驱动器将脉冲信号放大后，向伺服电机发出 PWM 脉冲信号，以实现对伺服电机位置、速度等相关量的控制。伺服驱动器由主电路和控制电路以及外围接口电路组成。本任务中以台达 ASDA－B2 交流伺服系统为例,详细描述伺服驱动器的结构及组成以及使用方法。

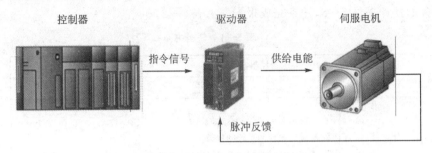

图 5-9　PLC+伺服控制系统的组成

【任务描述】

本任务主要是认识台达 ASDA-B2 系列伺服电机及伺服驱动器。了解伺服电动机的基本特性以及伺服驱动器的基本机构;掌握伺服驱动器与相关外围设备的电气接线;掌握伺服驱动器的工作模式的调整和参数的设置。

【知识储备】

一、伺服电动机

1. 认识伺服电动机

伺服电机是指在伺服系统中控制机械元件运转的发动机,是一种补助马达间接变速装置。伺服电机可使控制速度、位置精度非常准确,可以将电压信号转化为转矩和转速以驱动控制对象。伺服电机转子转速受输入信号控制并能快速反应,在自动控制系统中,用作执行元件,且具有机电时间常数小、线性度高、始动电压等特性,可把所收到的电信号转换成电动机轴上的角位移或角速度输出。分为直流和交流伺服电动机两大类,其主要特点是:当信号电压为零时无自转现象,转速随着转矩的增加而匀速下降。伺服电动机实物如图 5-10 所示。

图 5-10　伺服电动机实物图

2. 伺服电机的使用

伺服电机的主要外部部件有连接电源电缆、内置编码器、编码器电缆等。其中编码器电缆和电源电缆为选件,内置编码器如图 5-11 所示,伺服电动机立体视图如图 5-12 所示。需要注意的是对于带电磁制动的伺服电机,需要单独的电磁制动电缆。

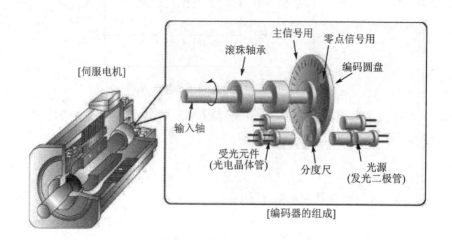

图 5-11 内置编码器的伺服电动机

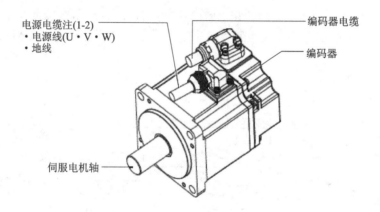

图 5-12 伺服电机立体视图

在使用伺服电机时,需要先计算一些关键的电机参数,如位置分辨率、电子齿轮、速度和指令脉冲频率等,以此为依据进行后面伺服驱动器的参数设置。

(1) 位置分辨率和电子齿轮计算

位置分辨率(每个脉冲的行程 ΔL)取决于伺服电机每转的行程 ΔS 和编码器反馈脉冲数量 P_t,如下式所示,反馈脉冲数目取决于伺服电机系列。

$$\Delta L = \frac{\Delta S}{P_t} \tag{5-1}$$

ΔL——每个脉冲的行程[mm/pulse];

ΔS——伺服电机每转的行程[mm/rev];

P_t——反馈脉冲数目[pulse/rev]。

当驱动系统和编码器确定之后,在控制系统中,ΔL 为固定值。但是,每个指令脉冲的行程可以根据需要利用参数进行设置。

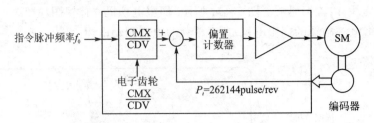

图 5-13 位置分辨率和电子齿轮关系图

如图 5-13 所示,指令脉冲乘以参数中设置的 CMX/CDV 则为位置控制脉冲。每个指令脉冲的行程值如下式所示

$$\Delta L_0 = \frac{P_t}{\Delta S} \cdot \frac{CMX}{CDV} = \Delta L \cdot \frac{CMX}{CDV} \tag{5-2}$$

CMX——电子齿轮(指令脉冲乘数分子);
CDV——电子齿轮(指令脉冲乘数分母)。
利用上述关系式,每个指令脉冲的行程可以设置为整数值。

(2) 速度和指令脉冲频率计算

伺服电机以指令脉冲和反馈脉冲相等时的速度运行。因此,指令脉冲频率和反馈脉冲频率必须相等,电子齿轮比与反馈脉冲的关系如图 5-14 所示。参数设置(CMX,CDV)的关系如下式所示

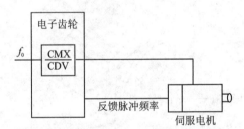

图 5-14 电子齿轮比与反馈脉冲关系图

$$f_0 \cdot \frac{CMX}{CDV} = P_t \cdot \frac{N_0}{60} \tag{5-3}$$

f_0——令脉冲频率(采用差动线性驱动器时)[pps];
CMX——电子齿轮(指令脉冲乘数分子);
CDV——电子齿轮(指令脉冲乘数分母);
N_0——伺服电机速度[r/min];
P_t——反馈脉冲数目[pulses/rev]。

可以用上式推导得出伺服电机的电子齿轮比和指令脉冲频率的计算公式,使伺服电机旋转。

二、伺服驱动器

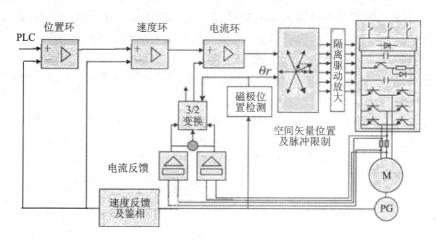

图 5-15　伺服驱动器工作原理框图

1. 认识伺服驱动器

伺服驱动器又称为伺服控制器、伺服放大器,是用来控制伺服电机的一种控制器,其作用类似于变频器作用于普通交流电机,属于伺服系统的一部分,主要应用于高精度的定位系统,一般是通过位置、速度和力矩三种方式对伺服电机进行控制,实现高精度的传动系统定位,目前是传动技术的高端产品。

交流永磁同步伺服驱动器主要有伺服控制单元、功率驱动单元、通信接口单元、伺服电动机及相应的反馈检测器件组成,其控制器系统结构框图如图 5-15 所示。其中伺服控制单元包括位置控制器、速度控制器、转矩和电流控制器等。

伺服电机一般为三个控制,就是 3 个闭环负反馈 PID 调节系统,最内侧是电流环,第 2 环是速度环,最外侧是位置环,各环的功能如表 5-3 所列。

表 5-3　3 个闭环调节系统功能

电流环	速度环	位置环
在伺服驱动系统内部进行,通过霍尔装置检测驱动器给电机的各相的输出电流,负反馈给电流的设定进行 PID 调节,从而达到输出电流尽量接近等于设定电流;电流环是控制电机转矩的,所以在转矩模式下驱动器的运算最小,动态响应最快	通过检测伺服电机编码器的信号来进行负反馈 PID 调节,它的环内 PID 输出直接就是电流环的设定,所以速度环控制时就包含了速度环和电流环,所以电流环是控制的根本。在速度和位置控制的同事系统实际也在进行电流(转矩)的控制,以达到对速度和位置的响应控制	在驱动器和伺服电机编码器之间构建,也可以在外部控制器和电机编码器或最终负载之间构建,要根据实际情况来定;由于位置控制环内部输出就是速度环的设定,位置控制模式下系统进行所有 3 个环的运算,此时系统运算量最大,动态响应速度也最慢

一般伺服都有三种控制方式:速度控制方式,转矩控制方式,位置控制方式。

速度控制和转矩控制都是用模拟量来控制的。位置控制是通过发脉冲来控制的。如果对电机的速度、位置都没有要求,只要输出一个恒转矩,用转矩模式。如果对位置和速度有一定的精度要求,而对实时转矩不是很关心,用转矩模式不太方便,用速度或位置模式比较好。如果上位控制器有比较好的闭环控制功能,用速度控制效果会好一点。如果本身要求不是很高,或者基本没有实时性要求的,用位置控制方式。就伺服驱动器的响应速度来看,转矩模式运算量最小,驱动器对控制信号的响应最快;位置模式运算量最大,驱动器对控制信号的响应最慢。

① 转矩控制:转矩控制方式是通过外部模拟量的输入或直接的地址赋值来设定电机轴对外的输出转矩的大小,具体表现为:例如,10 V 对应 5 N·m,当外部模拟量设定为 5 V 时电机轴输出为 2.5 N·m,如果电机轴负载低于 2.5 N·m 时电机正转,外部负载等于 2.5 N·m 时电机不转,大于 2.5 N·m 时电机反转(通常在有重力负载情况下产生)。可以通过即时的改变模拟量的设定来改变设定的力矩大小,也可通过通讯方式改变对应地址的数值来实现。应用主要在对材质的受力有严格要求的缠绕和放卷的装置中,例如饶线装置或拉光纤设备,转矩的设定要根据缠绕的半径的变化随时更改以确保材质的受力不会随着缠绕半径的变化而改变。

② 位置控制:位置控制模式一般是通过外部输入的脉冲的频率来确定转动速度的大小,通过脉冲的个数来确定转动的角度,也有些伺服可以通过通讯方式直接对速度和位移进行赋值。由于位置模式可以对速度和位置都有很严格的控制,所以一般应用于定位装置。应用领域如数控机床、印刷机械等。

③ 速度模式:通过模拟量的输入或脉冲的频率都可以进行转动速度的控制,在有上位控制装置的外环 PID 控制时,速度模式也可以进行定位,但必须把电机的位置信号或直接负载的位置信号给上位反馈以做运算用。位置模式也支持直接负载外环检测位置信号,此时的电机轴端的编码器只检测电机转速,位置信号就由直接的最终负载端的检测装置来提供了,这样的优点在于可以减少中间传动过程中的误差,增加了整个系统的定位精度。

2. 认识台达伺服驱动器

(1) 伺服驱动器面板与接口

现在使用的是台达 ASD-B2 伺服驱动器属于进阶泛用型,内置泛用功能应用,减少机电整合的差异成本。除了可简化配线和操作设定,大幅提升电机尺寸的对应性和产品特性的匹配度,可方便地替换其他品牌,且针对专用机提供了多样化的操作选择。其面板及接口名称与功能如图 5-16 所示。

(2) 操作面板说明

ASD-B2 伺服驱动器的参数共有 187 个,P0—xx、P1—xx、P2—xx、P3—xx、P4—xx 可以在驱动器的面板上进行设置,操作面板各部分名称如图 5-17 所示,各个按钮的说明如表 5-4 所示。

项目五　PLC控制伺服电机的运行

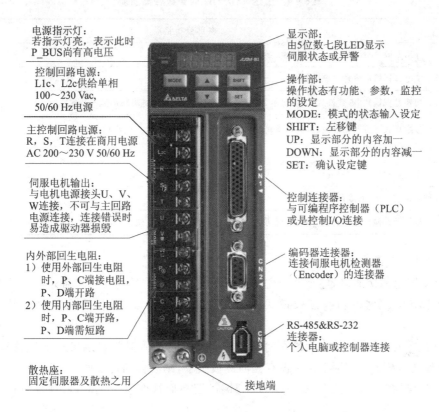

图 5-16　台达 ASD-B2 的面板及接口名称与功能

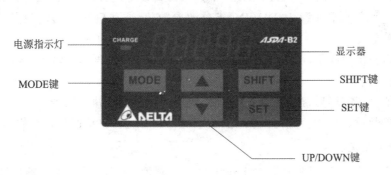

图 5-17　台达 ASD-B2 的操作面板

表 5-4 台达 ASD-B2 的面板各键功能

名 称	各部分功能
显示器	五组七段显示器用于显示监视值、参数值及设定值
电源指示灯	主电源回路电容量的充电显示
MODE 键	切换监视模式/参数模式/异警显示,在编辑模式时,按 MODE 键可跳出到参数模式
SHIFT 键	参数模式下可改变群组码;编辑模式下闪烁字符左移可用于修正较高的设定字符值;监视模式下可切换高/低位数显示
UP 键	变更监视码、参数码或设定值
DOWN 键	变更监视码、参数码或设定值
SET 键	显示及存储设定值;监视模式下可切换 10/16 进制显示;在参数模式下,按 SET 键可进入编辑模式

(3) 参数设置操作说明

① 驱动器电源接通时,显示器会先持续显示监视变量符号约 1 s,然后才进入监控模式。

② 按【MODE】键可切换参数模式→监视模式→异警模式,若无异警发生则略过异警模式。

③ 当有新的异警发生时,无论在何模式都会马上切换到异警显示模式下,按【MODE】键可以切换到其他模式,当连续 20 s 没有任何键被按下,则会自动切换回异警模式。

④ 在监视模式下,若按下【UP/DOWN】键可切换监视变量。此时,监视变量符号会持续显示约 1 s。

⑤ 在参数模式下,按【SHIFT】键时可切换群组码,按【UP/DOWN】键可变更后二字符参数码。

⑥ 在参数模式下,按【SET】键,系统立即进入编辑设定模式,显示器同时会显示此参数对应的设定值。此时,可利用【UP/DOWN】键修改参数值,或按【MODE】键脱离编辑设定模式并回到参数模式。

⑦ 在编辑设定模式下,可按【SHIFT】键使闪烁字符左移,再利用【UP/DOWN】键快速修正较高的设定字符值。

⑧ 设定值修正完毕后,按下【SET】键即可进行参数存储或执行命令。

⑨ 完成参数设定后,显示器会显示结束代码【SAVED】并自动回复到参数模式。

(4) 部分参数说明

一般情况下,设置伺服驱动装置工作于位置控制模式,PLC 的 Q0.0 输出脉冲作为伺服驱动器的位置指令,脉冲的数量决定伺服电机的旋转位移,脉冲的频率决定了伺服电机的旋转速度。PLC 的 Q0.2 输出信号作为伺服驱动器的方向指令。对于控制要求较为简单的,伺服驱动器可采用自动增益调整模式。根据上述要求,伺服驱动器常用参数设置如表 5-5 所列。

表 5-5　台达 ASD-B2 部分参数功能

序号	参数		设置数值	功能含义
	参数编号	参数名称		
1	P0-02	LED 初始状态	00	显示电机反馈脉冲数
2	P1-00	外部脉冲列指令输入形式设定	2	2:脉冲列"＋"符号
3	P1-01	控制模式及控制命令输入源设定	00	位置控制模式(相关代码 Pt)
4	P1-44	电子齿轮比分子(N)	1	指令脉冲输入比值设定 指令脉冲输入 $f1$ → $\frac{N}{M}$ → 位置指令 $f2 = f1 \times \frac{N}{M}$ 指令脉冲比值范围: $1/50 < N/M < 200$
5	P1-45	电子齿轮比分母(M)	1	当 P1-44 设置为"1"P1-45 分母设置为"1 时"脉冲数为 1000. 一周脉冲数 = $\frac{\text{P1-44 分子}=1}{\text{P1-45 分母}=1} \times 10000 = 10000$
6	P2-00	位置控制比例增益	35	位置控制增益值加大时,可提升位置应答性及缩小位置控制误差量,但若设定太大时易产生振动及噪音
7	P2-02	位置控制前馈增益	5000	位置控制命令平滑变动时,增益值加大可改善位置跟随误差量;若位置控制命令不平滑变动时,降低增益值可降低机构的运转振动现象
8	P2-08	特殊参数输入	0	10:参数复位

(5) 伺服驱动器和伺服电机的连接

下面以 ASDA-B2 型伺服驱动器与 ECMA-C20604RS 的连接作为示例,设置为位置控制,编码器为增量型,伺服驱动器外围主要器件的连接如图 5-18 所示,按照位置控制运行模式。

① 伺服驱动器电源:伺服驱动器的电源端子(R、S)连接二相电源。

② CN1 连接图:主要的几个信号为定位模块的脉冲发出等,编码器的 A、B、Z 的信号脉冲,以及急停、复位、正转行程限位、反转行程限位、故障、零速检测等。CN1 连接图如图 5-19 所示。

③ CN2 和伺服电机连接图:CN2 连接伺服电机内置编码器,伺服驱动器输出 U、V、W 依次连接伺服电机 2、3、4 引脚,不能相序错误。伺服报警信号接入内部电磁制动器。CN2 和伺服电机连接图如图 5-20 所示。

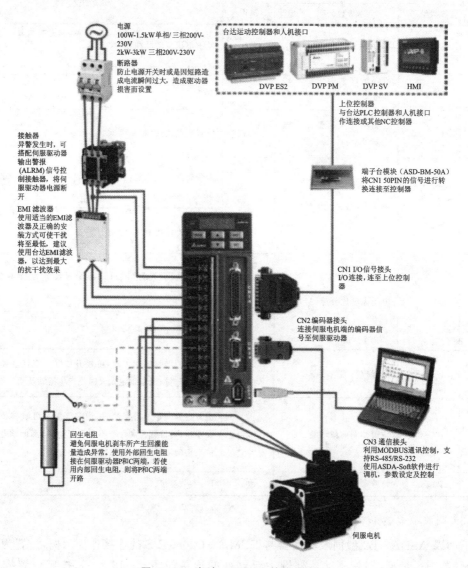

图 5-18 台达 ASD-B2 的连线图

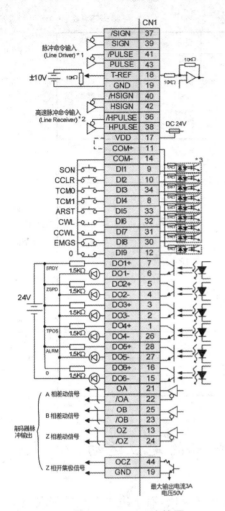

图 5-19 CN1 连接图

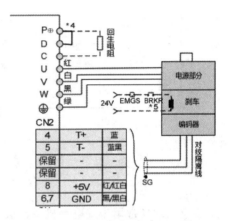

图 5-20 CN2 和伺服电机连接图

【任务实施】

本任务的任务书见表 5-6,任务完成报告书见表 5-7。

表 5-6 任务书

任务名称	伺服驱动器的基本使用				
班级		姓名		组别	
任务目标	① 了解伺服驱动器的工作模式及特点 ② 掌握伺服驱动系统的选型 ③ 掌握伺服驱动器的参数设置 ④ 掌握伺服驱动器的电气接线				
任务内容	根据实训任务的要求,画出伺服驱动器与伺服电机配电电缆、编码器电缆的接线图,根据伺服系统的具体要去在伺服驱动器面板完成相关参数的设置				

续表 5-6

资料	工具	设备
台达伺服 ASDA-B2 选型手册台达伺服手册 台达伺服调机步骤简易说明书	电工工具	计算机 ASDA-B2 伺服驱动器与伺服电机一套

表 5-7 任务完成报告书

任务名称	伺服驱动器的基本使用				
班级		姓名		组别	
任务内容					

任务三　PLC 控制伺服电机的定位运动

工业应用现场常用步进电动机或伺服电动机实现精确定位,而步进电动机或伺服电动机是由高速脉冲进行驱动的,由 PLC 发出高速脉冲来进行控制在实际应用中比较多见。西门子 300PLC 具有专用高速脉冲输入和输出模块,而紧凑型 CPU(如 CPU312C、CPU313C、CPU314C 等)也集成有高速脉冲计数以及高速脉冲输出的通道。CPU314C 集成有 4 个用于高速脉冲计数的通道和 1 个高速脉冲输出的通道,可实现高速脉冲计数功能、频率测量功能和脉宽调制(PWM)输出功能,其最大计数频率测量可达 60 kHz,脉冲宽度调制功能输出位 2.5 kHz。

【任务描述】

本任务的主要目的是学习使用 CPU314C-2PN/DP 的高速脉冲输入、输出功能,了解模块的输入输出功能,掌握 PLC 中用于伺服电机定位运动的系统功能块指令的用法,掌握 PLC 与伺服驱动器的电气接线,掌握 PLC 控制伺服电机的定位运动编程。

【知识储备】

一、接口引脚分配

S7-300 PLC 集成的高速脉冲计数输入或高速脉冲输,一般情况下可以作为普通的数字量输出和输出来用。在需要高速脉冲计数或高速脉冲输出时,可通过硬件设置定义这些位的属性,将其作为高速脉冲计数输入或高速脉冲输出。CPU314C连接器X2的引脚分配表5-8所列。

表5-8 CPU314C连接器X2的引脚分配

连接	名称/地址	计数	频率测量	脉宽调制
2	DI+0.0	通道0:轨迹A/脉冲	通道0:轨迹A脉冲	
3	DI+0.1	通道0:轨迹B/方向	通道0:轨迹B方向	0/不使用
4	DI+0.2	通道0:硬件门	通道0:硬件门	通道0:硬件门
5	DI+0.3	通道1:轨迹A/脉冲	通道1:轨迹A脉冲	
6	DI+0.4	通道1:轨迹B/方向	通道1:轨迹B方向	0/不使用
7	DI+0.5	通道1:硬件门	通道1:硬件门	通道1:硬件门
8	DI+0.6	通道2:轨迹A/脉冲	通道2:轨迹A脉冲	
9	DI+0.7	通道2:轨迹B/方向	通道2:轨迹B方向	0/不使用
12	DI+1.0	通道2:硬件门	通道2:硬件门	通道2:硬件门
13	DI+1.1	通道3:轨迹A/脉冲	通道3:轨迹A脉冲	
14	DI+1.2	通道3:轨迹B/方向	通道3:轨迹B方向	0/不使用
15	DI+1.3	通道3:硬件门	通道3:硬件门	通道3:硬件门
16	DI+1.4	通道0:锁存器		
17	DI+1.5	通道1:锁存器		
18	DI+1.6	通道2:锁存器		
19	DI+1.7	通道3:锁存器		
22	DO+0.0	通道0:输出	通道0:输出	通道0:输出
23	DO+0.1	通道1:输出	通道1:输出	通道1:输出
24	DO+0.2	通道2:输出	通道2:输出	通道2:输出
25	DO+0.3	通道3:输出	通道3:输出	通道3:输出

二、高速脉冲输入

CPU314C的控制通道实现高速脉冲计数或频率测量功能要分两个步骤进行。其一为硬件设置;其二为调用相应系统功能块。

1. 硬件设置

① 生成一个项目,CPU型号选择CPU314C-2PN/DP。

② 用鼠标双击SIMATIC管理器中的300站点下的Hardware(硬件)进入HWConfig(硬件组态)窗口。添加完机架和CPU后,可以看到CPU314C除集成数字量和模拟量输入和输出点外,还有Count(计数)功能和Position(定位)功能,高速脉冲的属性设置就在Count(计数)中设置,硬件组态图如图5-21所示。用鼠标双击Count(计数)子模块,可进行高速脉冲计数、频率测量以及高速脉冲输出属性设置。

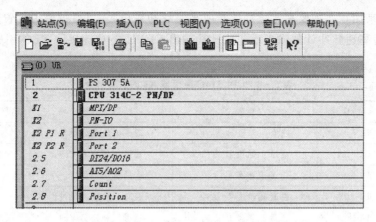

图 5-21　CPU314C-2PN/DP 硬件组态图

③ 用鼠标双击 CPU 的 count(计数)子模块,可进入 Properties Count(计数器属性)对话框,如图 5-22 所示。在对话框中,"通道"为 PLC 工艺控制功能的通道选择,在其后面的下拉列表中,可以选择要设置的通道号,CPU314C 有 4 个通道号可以选择,即 0、1、2、3,用户可以根据自己的需要对某个通道或四个通道分别进行设置。工作模式后面的下拉列表中有 5 种工作模式可以选择,如图 4-10 所示,有"连续计数(计到上限时跳到下限重新开始)""单独计数(计到上限时跳到下限等待新的触发)""周期计数(从装载值开始计数,到设置上限时跳到装载值重新计数)""频率测量"和"脉宽调制"。选择其中之一后(如连续计数),会弹出"默认值设置"对话框,提示默认值将被装载到被选择的功能中。

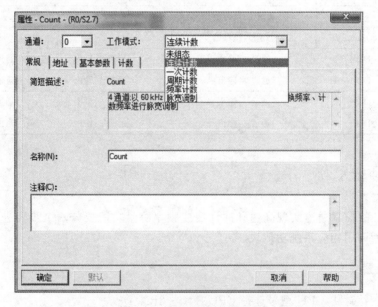

图 5-22　计数器属性对话框

④ 设置参数,如通道被设置为"计数器"工作方式,选择"计数"选项卡,以"连续计数"为例,打开如图 5-23 所示的"计数参数"设置对话框,在此对话框中可设置相关参数。

"计数"工作方式的参数设置对话框中各项参数含义如表 5-9 所列(含单循环计数和周期计数)。

图 5-23 计数参数设置对话框

表 5-9 "计数"方式参数说明

参 数	说 明	取值范围	默认值
计数的默认方向	● 无:没有计数范围限制 ● 向上:限制向上计数范围,计数器从 0 或装载值开始加计数,直到声明的结束值-1,然后在下一正向的传感● 器脉冲到达时跳回至装载值 ● 向下:限制向下计数范围,计数器开始于声明的起始值或装载值,沿负方向计数到 1,然后在下一负的传感器脉冲处跳至起始值	● 无 ● 向上 ● 向下	无
结束值/起始值	● 默认为向上计数的结束值 ● 默认为向下计数的起始值	2~2147483647 (即 2^31-1)	2147483647
门功能	● 取消计数操作:将门关闭并重新启动时,会从装载值重新开始计数 ● 中断计数操作:门关闭时,计数即被中断,当门再次打开时,将从上一实际值开始重新计数	取消计数 中断计数	取消计数
比较值	将计数值与比较值比较		0
	无主计数方向	-2^{31}~$(+2^{31}-1)$	
	默认为向上计数方向	-2^{31}~-1	
	默认为向下计数方向	1~$(+2^{31}-1)$	

续表 5-9

参 数	说 明	取值范围	默认值
滞后	如果计数值在比较范围内,则可使用滞后避免频繁的输出切换操作。0 和 1 表示关闭滞后	0~255	0
最大频率/计数信号/HW 门	可按固定步骤设置轨迹 A/脉冲、轨迹 B/方向和硬件门信号的最大频率。最大值依 CPU 而定		
	CPU312C	10、5、2、1 kHz	10 kHz
	CPU313C	30、10、5、2、1 kHz	30 kHz
	CPU314C	60、30、10、5、2、1 kHz	60 kHz
信号判断	计数和定向信号与输入相连 旋转传感器与输入连接(单个、双重或四重判断)	● 脉冲方向 ● 旋转传感器,单个 ● 旋转传感器,双重 ● 旋转传感器,四重	脉冲/方向
HW 门	● 是:通过 SW 和 HW 进行门控制 ● 否:仅通过 SW 门进行门控制	● 是 ● 否	否
反转计数方向	● 是:反转了"方向"输入信号 ● 否:未反转"方向"输入信号	● 是 ● 否	否
输出反应	根据该参数设置输出和"比较器"(STS_CMP)状态位	● 不比较 ● 计数值≥比较值 ● 计数值≤比较值 ● 比较值时刻的脉冲	不比较
脉冲宽度	通过"输出的反应:比较值时刻的脉冲"设置,可指定输出信号的脉冲宽度,仅可用于偶数值	0~510 ms	0
硬件中断:打开 HW 门	软件门打开时,打开硬件门可产生硬件中断	● 是 ● 否	否
硬件中断:关闭 HW 门	软件门打开时,关闭硬件门可产生硬件中断	● 是 ● 否	否
硬件中断;达到比较器	达到(响应)比较器时产生硬件中断	● 是 ● 否	否
硬件中断:上溢	上溢(超出计数上限)时产生硬件中断	● 是 ● 否	否
硬件中断:下溢	下溢(超出计数下限)时产生硬件中断	● 是 ● 否	否

以上硬件组态完成时,将硬件组态编译并保存。在"计数"和"频率测量"模式下,可通过"计数"子模块的输入地址(I 地址)直接访问 I/O 来读取实际计数/频率值(取决于设置模式)。该子模块的输入地址已在 HW Config(硬件组态)中指定。该子模块的地址区域为 16B,数据类型为双整数。n+0:通道 0 的计数值[-2^{31}~($2^{31}-1$)];或频率值[0~($2^{31}-1$)];n+4:通道 1 的计数值或频率值;n+8:通道 2 的计数值或频率值;n+12:通道 3 的计数值或频率值;n 为"计数"子模块的输入地址;在如图 5-23 所示的"地址"选项卡中可以看到,用户既可用系统

默认地址,也可以更改。当然,计数值可在背景数据块 DB*.DBD14 读出。

2. 调用系统功能块 SFB47

① 选中项目中的块。用鼠标双击块中的 OB1 进入程序编辑器,在 OB1 中调用 SFB47。过程如下:在指令集工具中,找到 Libraries(库)→ Standard Library(标准库)→ System Function Blocks(系统功能块)菜单,并用鼠标双击该菜单下的系统块 SFB47 进行调用,系统功能块 SFB47 如图 5-24 所示。

② 系统功能块 SFB47 的参数、系统功能块 SFB47 的参数很多,在使用时用户可根据自己的控制需要进行选择性填写。系统功能块 SFB47 的输入参数、输出参数分别如表 5-10 和表 5-11 所列。

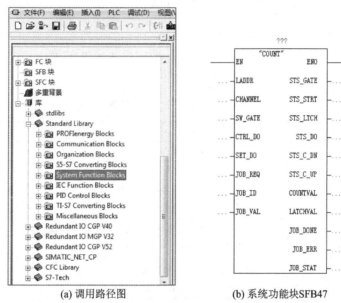

(a) 调用路径图　　(b) 系统功能块SFB47

图 5-24　系统功能块图

表 5-10　系统功能块 SFB47 的输入参数

输入参数	数据类型	地址 DB	说　明	取值范围	默认值
LADDR	WORD	0	在 HW Config 中指定的子模块 I/O 地址不相同,必须指定两者中的较低一个	CPU312C CPU313C CPU314C	W♯16♯300 W♯16♯300 W♯16♯330
CHANNEL	INT	2	通道号:CPU312 通道号:CPU313 通道号:CPU314	0～1 0～2 0～3	0
SW_GATE	BOOL	4.0	软件门,用于计数器起动/停止	1/0	0
CTRL_DO	BOOL	4.1	起动输出	1/0	0
SET_DO	BOOL	4.2	输出控制	1/0	0
JOB_REQ	BOOL	4.3	启动作业(正跳沿)	1/0	0

续表 5-10

输入参数	数据类型	地址 DB	说明		取值范围	默认值
JOB_ID	WORD	6	作业号	W#16#00＝无功能作业	W#16#00	W#16#00
				W#16#00＝写计数值	W#16#01	
				W#16#00＝写装载值	W#16#02	
				W#16#00＝写比较值	W#16#04	
				W#16#00＝写入滞后	W#16#08	
				W#16#00＝写入脉冲速度	W#16#10	
				W#16#00＝读装载值	W#16#82	
				W#16#00＝读比较值	W#16#84	
				W#16#00＝读取滞后	W#16#88	
				W#16#00＝读脉冲宽度	W#16#90	
JOB_VAL	DINT	8	写作业的值		$-2^{31} \sim (2^{31}-1)$	0

参数 LADDR，默认值为 W#16#300 或 W#16#330，即输入/输出映像区第 768 或第 816 个字节。若通道集成在 CPU 模块中，则此参数可以不用设置；若通道在某个子功能模块上，则必须保证此参数的地址与模块设置的地址一致。

表 5-11　系统功能块 SFB47 的输出参数

输入参数	数据类型	地址 DB	说明		取值范围	默认值
STS_GATE	BOOL	12.0	内部门状态		1/0	0
STS_STRT	BOOL	12.1	硬件门状态（起动输入）		1/0	0
STS_LTCH	BOOL	12.2	锁存器输入状态		1/0	0
STS_DO	BOOL	12.3	输出状态		1/0	0
STS_C_DN	BOOL	12.4	向下计数的状态。始终表示最后的计数方向，在第一次调用 SFB 后，其值被设置为 0		1/0	0
STS_C_UP	BOOL	12.5	向上计数的状态。始终表示最后的计数方向，在第一次调用 SFB 后，其值被设置为 1		1/0	0
COUNTVAL	DINT	14	实际计数值		$-2^{31} \sim (2^{31}-1)$	0
CATCHVAL	DINT	18	实际锁存器值		$-2^{31} \sim (2^{31}-1)$	0
JOB_DONE	BOOL	22.0	可启动新作业		1/0	1
JOB_ERR	BOOL	22.1	错误作业		1/0	0
JOB_STAT	WORD	24	作业错误号	W#16#0121＝比较值太小	W#16#0121	0
				W#16#0122＝比较值太大	W#16#0122	
				W#16#0131＝滞后太窄	W#16#0131	
				W#16#0132＝滞后太宽	W#16#0132	
				W#16#0141＝脉冲周期太短	W#16#0141	
				W#16#0142＝脉冲周期太长	W#16#0142	
				W#16#0151＝装载值太小	W#16#0151	
				W#16#0152＝装载值太大	W#16#0152	
				W#16#0161＝计数器值太小	W#16#0161	
				W#16#0162＝计数器值太大	W#16#0162	
				W#16#01FF＝作业号非法	W#16#FFFF	

在"连续计数"方式下,CPU 从 0 或装载值开始计数,当向上计数达到上限时($2^{31}-1$),它将在出现下一正计数脉冲时跳至下限(-2^{31})处,并从此恢复计数;当向下计数达到下限时,它将在出现下一负计数脉冲时跳至上限处,并从此处恢复计数。计数值范围为[$-2^{31} \sim (2^{31}-1)$],装载值的范围为[$(-2^{31}+1) \sim (2^{31}-2)$]。

在"单循环(单独)计数"方式下,CPU 根据组态的计数主方向执行单计数循环。若为无默认计数方向时,CPU 从计数装载值向上或向下开始执行单计数循环,计数限值设置为最大范围。在计数限值处上溢或下溢时,计数器将跳至相反的计数限值,门将自动关闭。要重新启动计数,必须在门控制处生成一个正跳沿。中断门控制时,将从实际的计数值开始恢复计数。取消门控制后,将从装载值重新开始计数。若默认为向上计数时,CPU 从装载值开始沿正方向计数数到结束值-1 后,将在出现下一个正计数脉冲时跳回至装载值,门将自动关闭。要重新启动计数,必须在门控制处生成一个正跳沿。计数器从装载值开始计数。若默认为向下计数时,CPU 从装载值开始沿负方向计数到值 1 后,将在出现下一个负计数脉冲时跳回至装载值(开始值),门将自动关闭。要重新启动计数,必须在门控制处生成一个正跳沿。计数器从装载值开始计数。

在"周期性计数"方式下,CPU 根据声明的默认计数方向执行周期性计数。若为无默认计数方向,CPU 从装载值向上或向下开始计数,在相应的计数限值处上溢或下溢时,计数器将跳至装载值并从该值开始恢复计数。若默认为向上计数时,CPU 从装载值向上开始计数,当计数器沿正方向计数到结束值-1 后,将在出现下一个正计数脉冲时跳回至装载值,并从该值开始恢复计数。若默认为向下计数时,CPU 从装载值向下开始计数。当计数器沿负方向计数到值 1 后,将在出现下一个负计数脉冲时跳回至装载值(开始值),并从该值开始恢复计数。

例题:电动机运行速度的实时检测

要实现电动机运行速度的实时检测需分两步骤。其一为硬件设置;其二为调用相应系统功能块及编程。

(1) 硬件设置

① 创建项目(取名为电动机运行速度检测),选择 CPU 型号为 CPU314C。

② 打开该项目中的硬件组态窗口并用鼠标双击 Count(计数)子模块,进行"属性—计数器"设置。

③ 在"属性—计数"对话框中设置 Channel(通道)为 0,Operating(操作模式)为 Count continuously(连续计数),在弹出的对话框中用鼠标单击 OK 按钮进行确定。

④ 选择最后一个标签 Count(计数)并进行相关参数设置,将 Input(输入)设置为 Pulse/direction(脉冲/方向),其他均为默认值既可,用鼠标单击 OK 按钮进行确定。

硬件设置完成后将其编译并保存。

(2) 调用系统功能模块 SFB47 及编程

在硬件接线时,将编码器的脉冲输出 A 接入 I0.0,脉冲输出 B 接入 I0.1。电动机运行速度实时检测程序如图 5-25 所示。

程序段 1：标题：

```
    I0.0         M2.1                              M2.0
----| |---------|/|-------+------------------------( )----
                          |
                          |              T0
                          |           ┌─────────┐
                          |           │  S_ODT  │
                          +-----------┤S       Q├---
                                      │         │
                              S5T#1S--┤TV     BI├--...
                                      │         │
                                 ...--┤R     BCD├--...
                                      └─────────┘
```

程序段 2：标题：

```
     T0                                            M2.1
----| |-------------------------------------------( )----
```

程序段 3：标题：

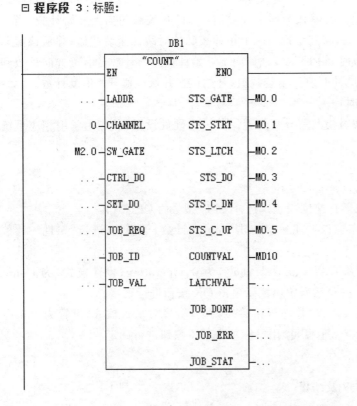

图 5-25 速度检测程序示例

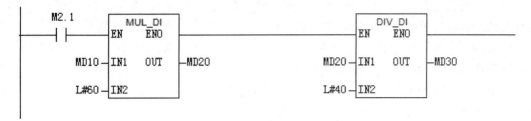

图 5-25　速度检测程序示例(续)

程序段 1 的功能是设置每秒检测一次速度值,程序段 3 是调用计数功能块,实时数据存储在 MD10 中,程序度 4 是进行速度值的转换,每分钟的转速等于每分钟的计数脉冲除以编码器的线数。若电动机正转功能块 SFB47 的输出参数 M0.5 为 1,输出参数 MD10 的内容为正;若电动机反转,则功能块 SFB47 的输出 M0.4 为 1,输出参数 MD10 的内容为负。

三、高速脉冲输出

要控制通道实现高速脉冲输出功能也有两个步骤。其一为硬件设置;其二为调用相应系统功能块。

1. 硬件设置

打开 CPU 的计数子模块,选择 Pulse—width modulation(脉宽调制 PWM)选项,进入"脉宽调制"设置对话框,如图 5-26 所示。

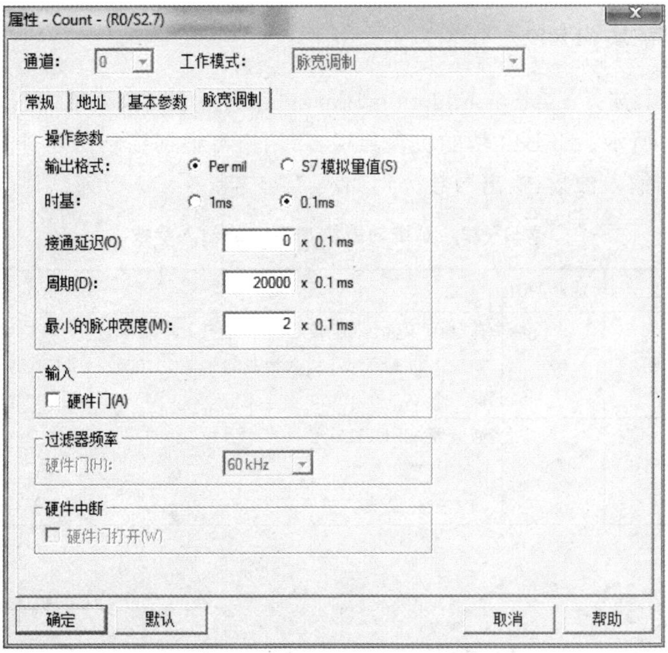

图 5-26　"脉宽调制"设置对话框

"操作参数"选项组中各参数意义如下。

① 输出格式:输出格式有两种选择。Per mile(每密尔,即 1mil=0.001in=0.0254 mm),输出格式取值范围为 0~1000;S7 模拟量输出格式取值范围为 0~27 648。输出格式的取值也可在调用系统功能块 SFB49 时设置,这一取值将会影响输出脉冲的占空比。

② 时基:时基有两种选择,0.1 ms 和 1 ms。用户可根据实际需要选择合适的时基,要产生频率较高的脉冲,可选择 0.1ms 时基。

③ 接通延时值:接通延时是指当控制条件成立时,对应通道将延时指定时间后输出高速脉冲。指定时间值为设置值乘以时基,取值范围为 0~65 535。

④ 周期:指定输出脉冲的周期。周期为设置值乘以时基,若时基为 0.1ms 时,取值范围为 4~65 535;若时基为 1 ms 时,取值范围为 1~65 535。

⑤ 最小脉冲宽度:指定输出的最小脉冲宽度,若时基为 0.1ms 时最小脉冲宽度取值范围为 2~Period(周期)/2;若时基为 1ms 时,最小脉冲宽度取值范围为 0~Period(周期)/2.

以上参数中的延时时间、周期以及最小脉冲宽度还可以通过系统功能块 SFB49 进行修改。

"输入"选项组的参数"硬件门"是供用户选择是否通过硬件门来控制脉冲输出。如果选中硬件门,则告诉脉冲的控制需要硬件门和软件门共同控制;如果不选中高速脉冲输出单独由软件门控制。

"硬件中断"选项组的参数"硬件门打开"是硬件中断选择。一但选中硬件门控制以后,此选项将被激活,用户可根据需要选择是否在硬件门启动时刻调用硬件中断组织块 OB40 中的程序。

将通道的硬件参数设置好后,用鼠标单击 OK 按钮。如果还需要设置其他通道,可以再次用鼠标双击 Count(计数)子模块,再次进入参数设置对话框。将组态好的硬件数据进行编译并保存。

2. 调用系统功能块 SFB49

在系统库元件中选择 System Function Blocks(系统功能块)菜单,选择调用系统功能块 SFB49,如图 5-27 所示。SFB49 功能块参数很多,用户可根据控制需要进行选择性填写。系统功能块 SFB49 的输入参数、输出参数分别如表 5-12 和 5-13 所列。

表 5-12 系统功能块 SFB49 的输入参数

输入参数	数据类型	地址 DB	说 明	取值范围	默认值
LADDR	WORD	0	在"HW Config"中指定的子模块 I/O 地址。如果 I/O 地址不同,必须指定两者 中的较低一个	CPU312C CPU313C CPU314C	W#16#300 W#16#300 W#16#300
CHANNEL	INT	2	通道号:CPU312 CPU313 CPU314	0~1 0~2 0~3	0

续表 5-12

输入参数	数据类型	地址 DB	说 明		取值范围	默认值
SW_EN	BOOL	4.0	软件门,用于控制脉冲输出			0
MAN_DO	BOOL	4.1	手动输出控制技能			0
SET_DO	BOOL	4.2	控制输出			0
OUTP_VAL	INT	6	输出设置,分密耳和模拟量			0
JOB_REQ	BOOL	8.0	作业初始化控制端(正跳沿)			0
JOB_ID	WORD	10	作业号	W#16#00=无功能作业	W#16#00	W#16#00
				W#16#01=写周期	W#16#01	
				W#16#02=写延时时间	W#16#02	
				W#16#04=写最小脉冲周期	W#16#04	
				W#16#81=读周期	W#16#81	
				W#16#82=读延时时间	W#16#82	
				W#16#84=读最小脉冲周期	W#16#84	
JOB_VAL	DINT	12	写作业的值		$-2^{31} \sim (2^{31}-1)$	0

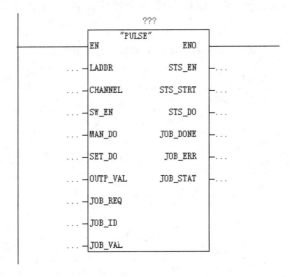

图 5-27 调用系统功能块 SFB49

参数说明:

① 子模块地址 LADDR,默认值为 W#16#300 或 W#16#330,即输入/输出映像区第 768 或第 816 个字节。若通道集成在 CPU 模块中,则此参数可以不用设置若通道在某个子功能模块上,则必须保证此参数的地址与模块设置的地址一致。

② 软件门 SW_EN,当 SW_EN 端为 1 时,脉冲输出指令开始执行(延时指定时间后输出指定周期和脉宽的高速脉冲);当 SW_EN 端为 0 时,高速脉冲停止输出。采用硬件门和软件门同时控制时,需要在硬件设置中启动硬件门控制。当软件门先为 1,同时在硬件门有一个上升沿时,将启动内部门功能,并延时指定时间输出高速脉冲。当硬件门的状态先为 1,而软件

门的状态后变为1,则门功能不启动,若软件门的状态保持为1,同时在硬件门有一个下降沿发生,也能启动门功能,输出高速脉冲。当软件门的状态变为0,无论硬件门的状态如何,将停止脉冲输出。

③ 手动输出使能端 MAN_DO,一旦通道在硬件组态时设置为脉宽调制功能,则该通道不能使用普通的输出线圈指令对其进行写操作控制,要想控制该通道,必须调用功能块 SFB49 对其进行控制。如果还想在该通道得到持续的高电平(非脉冲信号),则可以通过 MAN_DO 控制端来实现。当 MAN_D0 端为1时,指定通道不能输出高速脉冲,只能作为数字量输出点使用。当 MAN_D0 端为0时,指定通道只能作为高速脉冲输出通道使用,输出指定频率的脉冲信号。

④ 控制输出 SET_DO,数字量输出控制端。如果 MAN_D0 端为1时,可通过 SET_DO 端控制指定通道的状态是高电平1,还是低电平0;如果 MAN_D0 端为0时,则 SET_DO 端的状态不起作用,不会影响通道的状态。

⑤ 输出设置 OUTP_VAL,用来指定脉冲的占空比。在硬件设置时,如果选择输出格式为每密耳,则 OUTP_VAL 取值范围为 0~1 000(基数为1 000),输出脉冲高电平时间长度为:Pulsewidth(脉宽)=(OUTP_VAL/1 000) x Period(周期);如果选择输出格式为 S7 模拟量,则 OUTP_VAL 取值范围为 0~27 648(基数为27 648),脉宽计算方法同上。在设置占空比时,应该保证计算出来的高、低电平的时间不能小于硬件设置中指定的最小脉宽值,否则将不能输出脉冲信号。

表 5-13 系统功能块 SFB49 的输出参数

输出参数	数据类型	地址 OB	说 明	取值范围	默认值
STS_EN	BOOL	16.0	状态使能端	I/O	0
STS_STRT	BOOL	16.1	硬件门的状态(开始输入)	I/O	0
STS_DO	BOOL	16.2	输出状态	I/O	0
JOB_DONE	BOOL	16.3	可启动新作业	I/O	1
JOB_ERR	BOOL	16.4	错误作业	I/O	0
JOB_STAT	WORD	18	作业错误号	W#16#0411=周期过短	W#16#0411	0
				W#16#0412=周期过长	W#16#0412	
				W#16#0421=延时过短	W#16#0421	
				W#16#0422=延时过长	W#16#0422	
				W#16#0431=最小脉冲周期过短	W#16#0431	
				W#16#0432=最小脉冲周期过长	W#16#0432	
				W#16#04FF=作业号非法	W#16#04FF	
				W#16#8001=操作模式或参数错误	W#16#8001	
				W#16#8009=通道号非法	W#16#8009	

参数说明:

① 状态使能端 STS_EN,当 STS_EN 端的状态为1时,表示高速脉冲输出条件成立,通道处于延时或输出状态。

② 硬件门状态 STS_STRT，无论是否启动硬件门功能，参数 STS_STRT 的状态与通道对应的硬件门的状态一致。

③ 通道输出状态 STS_DO，当通道作为数字量或高速脉冲输出时，STS_D0 端的状态与通道输出的状态一致。

【任务实施】

本任务的任务书见表 5-14，任务完成报告书见表 5-15。

表 5-14 任务书

任务名称	PLC 控制伺服电机的定位运动			
班级		姓名		组别
任务目标	① 了解 CPU314C-2PN/DP 模块运动控制功能 ② 掌握 CPU314C-2PN/DP 模块的参数设置 ③ 掌握 PLC 与伺服驱动器的电气接线 ④ 掌握应用 SFB49 系统功能块实现高速脉冲输出编程			
任务内容	根据实训任务的要求，画出伺服驱动器与 S7-300PLC 之间的电气接线图，根据伺服系统的具体要去在伺服驱动器面板完成相关参数的设置，应用系统功能块编写驱动伺服电机实现定位的程序			
资料		工具		设备
台达伺服 ASDA-B2 选型手册，台达伺服手册 台达伺服调机步骤简易说明书 S7-300 CPU 31xC 技术功能操作说明		电工工具		计算机 ASDA-B2 伺服驱动器与伺服电机一套

表 5-15 任务完成报告书

任务名称	PLC 控制伺服电机的定位运动			
班级		姓名		组别
任务内容				

四、硬件设计

1. 硬件组态

在本次任务中,采用 PLC 的 0 通道作为高速脉冲输出口,在 CPU 计数参数框中选择通道 0。ASDA-B2 系列伺服电机每转一圈反馈的脉冲数为 2 500 个,在送入驱动器时经过四倍频,所以反馈脉冲为 10 000 个。设置 CPU314C 参数如图 5-28 所示,设置时基为 0.1 ms,周期为 10,即高速脉冲输出频率为 1 kHz,CPU314 高速脉冲的输出其最大脉冲输出频率为 2.5 kHz。在设置伺服驱动器电子齿轮比为 1:1 时,由转速计算公式(5-4)可得伺服电机速度为 6 r/min,当需要得到更快速度时,可以适当增大 PLC 脉冲输出频率,或者在伺服阀驱动器中设置大于 1 的电子齿轮比即可。

$$N_0 = 60 \cdot f_0 \cdot \frac{CMX}{CDV}/Pt = \frac{60 \cdot 1000}{10000} = 6 \text{ r/min} \tag{5-4}$$

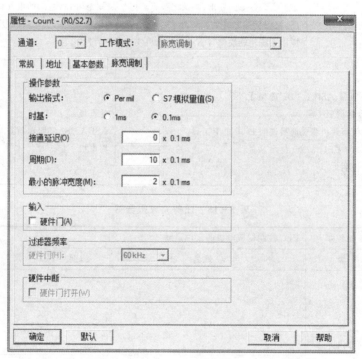

图 5-28 脉宽调制设置

2. 硬件接线图

PLC 与伺服驱动器 ASDA-B2 的电气接线图如图 5-29 所示。PLC 的 0 通道即 Q0.0 接至伺服驱动器的 PLUSE 端,Q0.2 接至 SIGN 端为伺服电机运行方向信号。CCWL、CWL 分别通过系统中的限位开关与 SON、COM 短接,VDD 与 COM+ 短接。

项目五 PLC控制伺服电机的运行

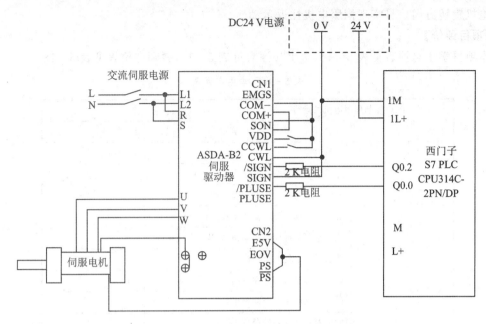

图 5-29 CPU314C-2PN/DP 与 ASDA-B2 伺服驱动器接线示意图

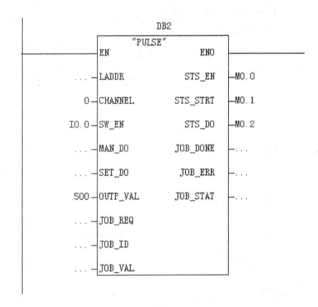

图 5-30 高速脉冲输出程序图

五、程序设计

OUTP_VAL 端参数决定了高速输出脉冲的占空比,在这里设置占空比为 1∶1,所以根据公式脉宽=(OUTP_VAL/1000)×周期,推算可知需要设置值为 500。当启动信号 I0.0 有效时,PLC 输出高速脉冲使伺服电机旋转,当遇到限位开关时停止。上题示例程序还可以结合伺服电机旋转方向信号实现伺服电机往返运动。

【项目评价】

本项目学生自评表见表 5-16,学生互评表见表 5-17,教师评价表见表 5-18。

表 5-16 学生自评表

项目五 PLC 控制伺服电机的运行			
班级	姓名	学号	组别
评价项目	评价内容		评价结果
专业能力	能够理解伺服驱动的结构和工作原理		
	能够掌握伺服电机的运行特性		
	能够掌握伺服驱动器的参数设置		
	能够掌握掌握伺服驱动器与 PLC 电气接线		
方法能力	能够遵守电气安全操作规程		
	能够查阅 PLC 工艺控制手册		
	能够正确使用选择使用工具		
	能够对自己学习情况进行总结		
社会能力	能够积极与小组内同学交流讨论		
	能够正确理解小组任务分工		
	能够主动帮助他人		
	能够正确认识自己错误并改正		
自我评价与反思			

表 5-17 学生互评表

项目五 PLC 控制伺服电机的运行			
被评价人	班级	姓名	学号	组别
评价人			
评价项目	评价内容		评价结果
专业能力	能够正确对伺服驱动器和 PLC 进行电气接线		
	能够熟练掌握伺服驱动器的参数设置		
	能够掌握 PLC 控制伺服电机运行的程序编写与调试		
	能够掌握 PLC 控制电动机星/角启动的编程调试和仿真		

续表 5-17

方法能力	遵守电气安全操作规程情况	
	查阅 PLC 手册情况	
	使用工具情况	
	对任务完成总结情况	
社会能力	团队合作能力	
	交流沟通能力	
	乐于助人情况	
	学习态度情况	
综合评价		

表 5-18 教师评价表

项目五　PLC 控制伺服电机的运行				
被评价人	班级	姓名	学号	组别
评价项目	评价内容			评价结果
专业知识掌握情况	充分理解项目的要求及目标			
	伺服驱动器的工作原理			
	伺服电机定位的脉冲计算			
任务实操及方法掌握情况	安全操作规程掌握情况			
	PLC 高速脉冲的参数设置			
	伺服驱动器的参数设定			
	查阅 PLC 手册情况			
	使用工具情况			
	任务完成总结情况			
社会能力培养情况	积极参与小组讨论			
	主动帮助他人			
	善于表达及总结发言			
	认识错误并改正			
综合评价				

【思考题】

① 伺服系统的分类方式有哪些？分别可以分成那几种？
② 高性能的机电伺服系统由哪些环节组成？各有什么功能？
③ 机电伺服系统的发展趋势是什么？

项目六　PLC 通信技术应用

　　信息技术的迅猛发展，促进了自动控制领域的深刻变革。随着控制技术、计算机技术、通信技术、网络技术的发展，信息交换沟通的领域正在迅速覆盖从现场设备到控制、管理的各个层次，覆盖工段、车间、工厂、企业乃至世界各地的市场，逐步形成以网络集成自动化系统为基础的企业信息系统。现场总线(Field Bus)正是这场变革中的关键技术。

　　什么是现场总线？根据国际电工委员会（International Electrical Commission,IEC）和现场总线基金会（Fieldbus Foundation,FF）的定义，现场总线是连接智能现场设备和自动化系统的数字式、双向传输、多分支结构的通信网络。现场总线的意义不仅仅在于用数字仪表代替模拟仪表，更重要的是它对整个控制系统的结构进行了根本性的变革。现场总线技术在制造业、流程工业、交通和楼宇等领域的自动化系统中具有广阔的应用前景。

　　现场总线技术将专用微处理器置入传统的分散的测量控制仪表，使它们各自都具有了数字计算和数字通信能力。其采用普通双绞线等多种传输介质，把多个测量控制仪表、计算机等连接成网络系统，并按公开、规范的通信协议，在位于现场的多个微机化测量控制设备之间以及现场仪表与远程监控计算机之间，实现数据传输与信息交换，形成各种适应实际需要的自动控制系统。如果说计算机网络把人类引入到信息时代，那么现场总线则使自控系统与设备加入到信息网络的行列，成为企业信息网络的底层，使企业信息沟通的覆盖范围延伸到生产现场。因此，现场总线技术的出现可以被看作是工业控制技术进入一个新时代的标志。

　　现场总线技术的开发始于 20 世纪 80 年代。随着微处理器和计算机功能的不断增强及其价格的急剧降低，计算机与计算机网络系统得到迅猛发展。而处于企业生产底层的测控自动化系统，由于仍采用一对一连线，用电压、电流的模拟信号进行测量控制，或采用自封闭式的集散系统，难以实现设备之间以及系统与外界之间的信息交换，使得自动化系统成为"信息孤岛"，严重制约了自身的发展。要实现整个企业的信息集成，要实施综合自动化，就必须设计出一种能在工业现场环境运行的性能可靠、造价低廉的通信系统，形成工厂底层网络，完成现场自动化设备之间的多点数字通信，实现底层现场设备之间以及生产现场与外界的信息交换。现场总线就是在这种实际需求的驱动下应运而生的。它的出现，为彻底打破自动化系统的"信息孤岛"创造了条件。

　　由于现场总线适应了工业控制系统的分散化、网络化、智能化的发展方向，因此，它一经产生便成为全球工业自动化技术的热点，受到全世界的普遍关注。该项技术的开发，可带动整个工业控制、楼宇自动化、仪表制造、工业控制和计算机软硬件等行业技术、产品的更新换代。传统的模拟仪表逐步让位于智能化数字仪表，出现了一批集检测、运算、控制功能于一体的变送控制器；出现了可集检测温度、压力、流量于一身的多变量变送器；出现了带控制模块和具有故障信息的执行器。现场总线的出现，为中国自动化仪表行业和自控领域提供了良好的发展机遇，同时也提出了严峻的挑战。

　　现场总线导致了传统控制系统结构的变革，形成了新型的网络集成式全分布控制系统——现场总线控制系统(Field Control System,FCS)。现场总线控制系统是以现场总线为基础的全数字控制系统,它采用基于公开化、标准化的开放式解决方案,实现了真正的全分布式结构,将控制功能下放到现场,使控制系统更加趋于分布化、扁平化、网络化、集成化和智能化。现场总线系统采用带有智能化节点的网络控制模式,取代了传统的集中控制模式。图6-1所示为网络控制模式与传统的集中控制模式的比较。

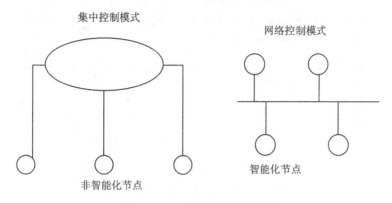

图6-1 两种控制模式的比较

新型的现场总线控制系统突破了DCS系统中通信由专用网络的封闭系统来实现所造成的缺陷,把基于封闭的、专用的解决方案变成了基于公开化、标准化的解决方案,即可以把来自不同厂商而遵守同一协议规范的自动化设备,通过现场总线网络连接成系统,实现综合自动化的各种功能;同时把DCS集中与分散相结合的集散系统结构,变成了新型全分布结构,把控制功能彻底下放到现场,依靠现场智能设备本身实现基本控制功能。

现场总线控制系统的体系结构如图6-2所示。与传统的集散控制系统相比,现场总线控制系统有两个新特征:

① 现场总线控制系统是将传统集散控制系统中的数据公路、控制器、I/O卡及模拟信号传输线四部分用统一标准的现场总线来替代,减少了层次传递,使控制系统的结构趋于扁平化;

② 现场总线控制系统用智能现场仪表代替传统集散系统中的模拟现场仪表,其智能化体现在变送器不仅具有信号变换、补偿、累加功能,还具有诸如PID等运算控制功能,执行器不仅具有驱动和调节功能,还具有特性补偿、自校验和自诊断功能。

结构上,现场总线系统打破了传统控制系统的结构形式,采用智能现场设备,使得控制系统功能能够直接在现场完成,实现了彻底的分散控制。由于采用数字信号替代模拟信号,可实现一对电线上传输多个信号(包括多个运行参数值、多个设备状态、故障信息),同时又为多个设备提供电源。这就为简化系统结构,节约硬件设备,减少连接电缆与各种安装以及维护费用创造了条件。

技术上,系统具有开放性、互可操作性与互用性;现场设备实现了智能化和功能自治;系统结构高度分散,现场总线已构成了新的全分散性控制系统的体系结构。

由于现场总线的以上特点,特别是现场总线系统结构的简化,使控制系统从设计、安装到正常生产运行及检修维护,都具有优越性。现场总线系统的优点主要体现在以下几个方面:

① 节省硬件数量与投资;

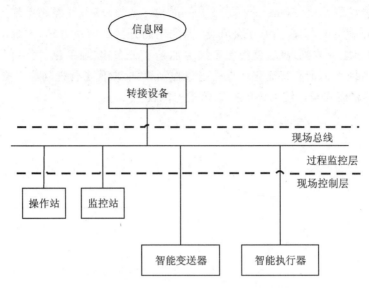

图 6-2 现场总线控制系统的体系结构

② 节省安装费用;
③ 节省维护开销;
④ 用户具有高度的系统集成自主权;
⑤ 提高了系统的准确性与可靠性。

此外,由于现场总线设备标准化、功能模块化,还具有设计简单、易于重构的优点。

现场总线是用于支持现场装置,实现传感、变送、调节、控制、监督以及各种装置之间透明通信等功能的通信网络,保证网内设备间相互透明有序地传递信息和正确理解信息是它的主要集成任务。此外,随着技术发展和应用需求的提高,将现场总线与上层信息网络有效集成也是必然的,于是,对现场总线的实质内容——通信协议提出如下要求:

① 通信介质的多样性:支持多种通信介质,以满足不同现场环境的要求;
② 实时性:信息的传送不允许有较大时延或时延的不确定性;
③ 信息的完整性、精确性:要确保通信质量;
④ 可靠性:具备抗各种干扰的能力和完善的检错、纠错能力;
⑤ 可互操作性:不同厂家制造的现场设备仪表可通过同一总线通信和操作;
⑥ 开放性:基本符合 ISO 参考模型,形成一个开放系统。

现场总线通信协议是参照国际标准化组织 ISO 制定的开发系统互连参考模型并经简化建立的,IEC/ISA 现场总线通信协议模型综合了多种现场总线标准,规定了现场应用进程之间的可互操作性、通信方式、层次化的通信服务功能划分、信息的流向及传递规则。ISO 参考模型共分七层,现场总线通信协议则根据自身特点加以简化,采用了物理层、数据链路层和应用层,同时,考虑到现场装置的控制功能和具体运行,又增加了用户层。各层的功能如下:

第一层:物理层(Physical Layer)。物理层定义了网络信道上的信号与连接方式、传输介质、传输速率、每条线路连接仪表的数量、最大传输距离、电源等。处于数据发送状态时,该层接收数据链路层(DLL)下发的数据,以某种电气信号进行编码并发送;处于数据接收状态时,将相应的电气信号编码为二进制数,并送到链路层。

项目六　PLC 通信技术应用

第二层:数据链路层(Data Link Layer,DLL)。数据链路层定义了一系列服务于应用层的功能和向下与物理层的接口,使用物理层的服务,提供了介质存取控制功能、信息传输的差错检验。DLL 提供原语服务和相关事件、与原语服务相关的参数格式,以及这些服务及事件之间的相互关系。DLL 为用户提供了可靠且透明的数据传输服务。数据链路层是现场总线的核心。所有连接到同一物理通道上的应用进程实际上都是通过链路层的实时管理来协调的。为了突出实时性,现场总线没有采用以往 IEEE802.4 标准中所定义的分布式物理通道管理,而是采用了集中式管理方式。在这种方式下,网络通道被有效地利用起来,并可有效地减少或避免实时通信的延迟。

第三层:应用层(Fieldbus Application Layer)。应用层为用户提供了一系列服务,它简化或实现分布式控制系统中应用进程之间的通信,同时为分布式现场总线控制系统提供应用接口的操作标准,实现了系统的开放性。应用层与其他层的网络管理机构一起对网络数据流动、网络设备及网络服务进行管理。

第四层:用户层(User Layer)。用户层是专门针对工业自动化领域现场装置的控制和具体应用而设计的,它定义了现场设备数据库间相互存取的统一规则,用户通过标准功能块可组态成系统,也是使现场总线系统开放与可互操作的关键。

根据 1999 年 7 月在渥太华举行的现场总线标准制定工作会议的纪要,IEC 的现场总线标准 IEC61158 包括八种现场总线标准协议,主要有基金会现场总线(Foundation Fieldbus,FF)、ControlNet、Profibus、SwiftNet、WorldFIP 等。很明显,这一标准是各方妥协的结果,它事实上承认了几家大电气制造商的现有协议。另外,CAN 总线、Lonworks、DeviceNet 等现场总线也极具生命力和应用背景。还有,以太网已经进入工业控制领域并逐步成为研究热点。这意味着今后现场总线的发展仍将呈现多种总线并存的局面。粗略估计,国际上现有现场总线不下百余种,其中典型的有一定影响并占有一定市场份额的主要有基金会现场总线(FF)、CAN、Profibus、Lonworks、HART 等。本项目主要介绍 Profibus 总线的协议结构以及工业以太网的基本概念,最后通过一个具体示例讲述 Profibus 总线的应用。

任务一　认识 Profibus 总线

【任务描述】

本任务的主要目的是掌握 Profibus 总线的协议结构,了解 Profibus 总线在自动化系统中的位置以及利用 Profibus 构建自动化控制系统应考虑的几个问题,掌握 Profibus 控制系统的组成和配置形式。

【知识储备】

现场总线这一技术领域的发展是十分迅速和活跃的,当前成熟并被广泛使用的现场总线标准不下几十种。每种总线标准都有自身的特点,并在特定的应用领域显示自身的优势。过程现场总线 Profibus 作为一种国际化、开放式、不依赖设备生产商的现场总线标准,是唯一的全集成过程和工厂自动化的现场总线解决方案,已被广泛应用于加工制造、过程和楼宇自动化领域。

一、概　述

　　Profibus 现场总线由西门子公司联合十几家德国公司及研究所共同推出,包括 DP、FMS 以及 PA 三部分。DP 用于分散外设间的高速数据传输,适用于加工自动化领域;FMS 意为现场信息规范,适用于纺织、楼宇自动化、可编程控制器、低压开关等一般自动化;而 PA 则是用于过程自动化的总线类型。Profibus 的传输速率为 9.6Kbps～12 Mbps,最大传输距离在 12Mbps 时为 100m,1 Mbps 时为 400m,可用中继器延长至 10Km。其传输介质可以是双绞线,也可以是光缆。Profibus 总线最多可挂接 127 个站点。

　　过程现场总线 Profibus 具体说明了串行现场总线的技术和功能特性,它可使分散式数字化控制器从现场底层到车间级网络化,该系统分为主站和从站。主站决定总线的数据通信,当主站得到总线控制权(令牌)时,不用外界请求就可主动发送信息;从站为外围设备,典型的从站包括:输入/输出装置、阀门、驱动器和测量变送器,它们没有总线控制权,仅对接收到信息给予确认或当主站发出请求时向它发送信息。

二、Profibus 协议结构

　　Profibus 协议结构是根据国际标准,以开放式互连系统作为参考模型的。Profibus-DP 使用第一、二层和用户接口。这种结构确保数据传输能够快速和有效地进行,直接数据链路映像(DDLM)为用户接口提供第二层功能映像,用户接口规定用户和系统以及不同设备可调用的应用功能,并详细说明各种不同 Profibus-DP 设备的设备行为。

　　Profibus-FMS 定义第一、二、七层,应用层包括现场总线信息规范和底层接口。FMS 包括应用协议并向用户提供可广泛选用的强有力的通信服务。底层接口协调不同的通信关系并提供不依赖设备的第二层访问接口。

　　Profibus-PA 的数据传输采用扩展的 Profibus-DP 协议。另外,PA 还描述设备行为的 PA 行规。根据 IEC1158-2 标准,PA 的传输技术可确保其本征安全性,而且还可通过总线给现场设备供电。使用连接器可在 DP 上扩展 PA 网络。

三、Profibus 的技术特点

(1) 总线存取协议

　　三种系列的 Profibus 均使用单一的总线存取协议,数据链路层采用混合介质存取方式,即主站间按令牌方式、主站和从站间按主从方式工作。得到令牌的主站可在一定时间内执行本站工作,这种方式保证了在任一时刻只能有一个站点发送数据,并且任一主站在一个特定的时间片内都可以得到总线操作权,这就完全避免了冲突。这样的好处在于传输速度较快,而其他一些总线标准采用的是冲突碰撞检测法,在这种情况下,某些信息组需要等待,然后再发送,从而使系统传输速度降低。

(2) 灵活的配置

根据不同的应用对象,可灵活选取不同规格的总线系统。例如:简单的设备级的高速数据传送,可选用 Profibus-DP 单主站系统;稍微复杂一些的设备级的高速数据传送,可选用 Profibus-DP 多主站系统;更加复杂一些的系统可将 Profibus-DP 和 Profibus-FMS 混合选用,两套系统可方便地在同一根电缆上同时操作,而无需附加任何转换装置。

(3) 本征安全

目前被普遍接受的电气设备防爆技术措施有隔爆、增安、本征安全等。对低功率电气设备(如自动化仪表),最理想的保护技术是本征安全防爆技术。它是一种以抑制电火花和热效应能量为防爆手段的"安全设计"技术。本征安全性一直是工控网络在过程控制领域应用时首先需要考虑的问题,否则,即使网络功能设计得再完善,也无法在化工、石油等工业现场使用。目前,各种现场总线技术中考虑本征安全特性的只有 Profibus 与 FF,而 FF 的部分协议及成套硬件支撑尚未完善,可以说目前过程自动化中现场总线技术的成熟解决方案是 Profibus-PA,它只需一条双绞线就可以既传送信息又向现场设备供电。由于总线的操作电源来自单一供电装置,它就不再需要绝缘装置和隔离装置,设备在操作过程中进行的维修、接通或断开,即使在潜在的爆炸区也不会影响到其他站点。使用本征安全的现场总线系统典型结构如图 6-3 所示。

(4) 功能强大的 FMS

FMS 提供上下文环境管理、变量的存取、定义域管理、程序调用管理、事件管理、对虚拟现场器件的支持以及对象字典管理等服务功能。FMS 同时提供点对点或有选择广播通信、带可调监视时间间隔的自动联结、当地和远程网络管理等功能。

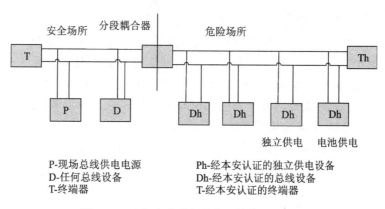

图 6-3 本征安全现场总线系统典型结构图

四、Profibus 总线在自动化系统中的位置

自动化系统的结构一般分为三级网络结构。采用 Profibus 总线的工厂自动化系统的典型网络结构如图 6-4 所示。基于现场总线 Profibus DP/PA 的控制系统位于工厂自动化系统

的底层,即现场级与车间级。现场总线 Profibus 面向现场级与车间级的数字化通信网络。

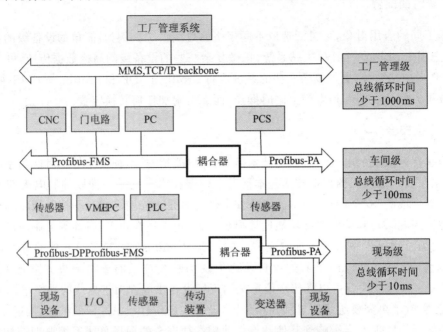

图 6-4 采用 Profibus 的工厂自动化系统网络结构

(1) 现场设备层

其主要功能是连接现场设备,如分散式 I/O、传感器、驱动器、执行机构、开关设备等,完成现场设备控制及设备间连锁控制,如一台加工设备控制、一条装配输送线或一条生产线上现场设备之间的连锁控制。主站(PLC、PC 或其他控制器)负责总线通信管理及与所有从站的通信。总线上所有设备的生产工艺控制程序存储在主站中,并由主站执行。

(2) 车间监控层

车间级监控用来完成车间主生产设备之间的连接,如一个车间三条生产线主控制器之间的连接。车间级监控包括生产设备状态在线监控、设备故障报警及维护等。通常还具有诸如生产统计、生产调度等车间级生产管理功能。车间级监控通常要设立车间监控室,有操作员工作站及打印设备。车间级监控网络可采用 Profibus-FMS,它是一个多主站网络,这一级数据传输速度不是最重要的,而是要能够传送大容量信息。

(3) 工厂管理层

车间操作员工作站可通过集线器与车间办公管理网连接,将车间生产数据送到车间管理层。车间管理网是工厂主网的一个子网。子网通过交换机、网桥或路由等连接到厂区骨干网,将车间数据集成到工厂管理层。

五、Profibus 控制系统组成

(1) 一类主站

一类主站指 PLC、PC 或可做一类主站的控制器。一类主站完成总线通信控制与管理。

一类主站是中央控制器,它在预定的信息周期内与分散的站交换信息。

(2) 二类主站

二类主站指操作员工作站(如 PC 机加图形监控软件)、编程器、操作面板等,在系统组态操作时使用,完成各站点的数据读写、系统配置、系统监控、故障诊断等。

(3) 从站

DP 从站是进行输入/输出信息采集和发送的外围设备,包括 I/O 设备、驱动器、HMI、阀门等。

① PLC(智能型 I/O):PLC 自身有程序存储器,PLC 的 CPU 部分执行程序并按程序指令驱动 I/O,可以作为 Profibus 的一个从站。在 PLC 存储器中划分出一段特定区域,作为 PLC 与主站通信的共享数据区。主站可以通过通信间接控制从站 PLC 的 I/O 接口。

② 分散式 I/O(非智能型 I/O):通常由电源部分、通信适配器部分、接线端子部分组成。分散式 I/O 不具有程序存储和程序执行,通信适配器部分接收主站指令,按主站指令驱动 I/O,并将 I/O 输入及故障诊断等信息返回给主站。分散型 I/O 通常是由主站统一编址,这样在主站编程时使用分散式 I/O 与使用主站的 I/O 没有什么区别。

③ 驱动器、传感器、执行机构等现场设备:即带 Profibus 接口的现场设备,可由主站在线完成系统配置、参数修改、数据交换等功能。具体哪些参数可进行通信及参数格式,由 Profibus 行规决定。

六、Profibus 控制系统配置的几种形式

(1) 按现场设备类型分

根据现场设备是否具备 Profibus 接口,Profibus 控制系统配置可分为三种形式。

① 总线接口型:现场设备不具备 Profibus 接口,采用分散式 I/O 为总线接口与现场设备连接。这种形式在应用现场总线技术初期容易推广。如果现场设备能分组,组内设备相对集中,这种模式会更好地发挥现场总线技术的优点。

② 单一总线型:现场设备都具备 Profibus 接口。这是一种理想情况,可使用现场总线技术实现完全的分布式结构,可充分获得这一先进技术所带来的利益。不过,在目前这种方案设备成本可能较高。

③ 混合型:现场设备部分具备 Profibus 接口。在较长的一段时期内,这将是相当普遍的。这时应采用 Profibus 现场设备加分散式 I/O 混合使用的方法。不管旧设备改造还是新建项目,希望全部使用具备 Profibus 接口的设备的场合可能不是很多,分散式 I/O 可作为通用的现场总线接口,是一种灵活的集成方案。

(2) 按实际应用需要分

根据实际需要及投入资金情况,通常有如下几种结构类型:

① 以 PLC 或控制器作为一类主站,不设监控站,调试阶段配置一台编程设备。这种结构类型中,PLC 或控制器完成总线通信管理、从站数据读写、从站远程参数化工作。

② 以 PLC 或控制器作为一类主站,监控站通过串口与 PLC 一对一连接。这种结构类型中,监控站不在 Profibus 网上,不是二类主站,不能直接读取从站数据或完成远程参数化工

作。监控站所需的从站数据只能从 PLC 或控制器读取。

③ 以 PLC 或其他控制器作为一类主站,监控站作为二类主站连接在 Profibus 总线上。在这种结构类型中,监控站完成远程编程、参数化以及在线监控功能。

④ 使用 PC 机＋Profibus 网卡作为一类主站,监控站与一类主站一体化。这是一个低成本方案。在主站结构类型中,PC 机故障将导致整个系统瘫痪。另外,通信模板厂商通常只提供一个模板的驱动程序,总线控制程序、从站控制程序、监控程序可能要由用户开发,工作量比较大。

七、应用 Profibus 构建自动化控制系统应考虑的几个问题

(1) 项目是否适于使用现场总线技术

任何一种先进的技术都有一定的适用范围,超出这个范围可能不会产生所期望的结果。当希望应用现场总线技术构建一个系统时,应着重考虑以下几个问题。

① 现场被控设备是否分散。这是决定是否使用现场总线技术的关键。现场总线技术适合于分散的、具有通信接口的现场受控设备的系统。现场总线的优势在于节省大量的现场布线成本,使系统故障易于诊断与维护。对于具有集中 I/O 的单机控制系统,现场总线技术没有明显优势。当然,有些单机控制,在很难有空间用于大量的 Profibus 走线时,也可以考虑使用现场总线。

② 系统对底层设备是否有信息集成要求。现场总线技术适合对数据集成有较高要求的系统,如建立车间监控系统或建立全厂的 CIMS 系统。在底层使用现场,总线技术可将大量丰富的设备及生产数据集成到管理层,为实现全厂的信息系统提供重要的底层数据。

③ 系统对底层设备是否有较高的远程诊断、故障报警及参数化要求,现场总线技术特别适合用于有远程操作及监控的系统。

(2) 系统实时性要求

系统的实时性是指现场设备之间在最坏情况下完成一次数据交换,系统所能保证的最小时间。简言之,就是现场设备的通信数据更新速度。如果实际应用问题对系统响应有一定的实时性要求,可根据具体情况考虑是否采用现场总线技术。

(3) 采用什么样的系统结构

用户确定采用 Profibus 总线技术后,下一个问题就是采用什么样的系统结构配置。这里主要有两点需要考虑:一是系统的结构形式,二是总线的选型。在考虑系统的结构形式时,要注意的是:

① 系统是否分层,分几层,是否需要车间层监控;

② 有无从站,有多少,分布如何,从站设备如何连接,现场设备是否有总线接口,可否采用分布式 I/O 连接从站,哪些设备需选用智能型 I/O 控制,可以根据现场设备地理分布进行分组并确定从站个数及从站功能的划分;

③ 有无主站,有多少,如何划分,如何连接。

在考虑总线的选型时,主要考虑:

① 根据系统是离散量控制还是流程控制,确定选用 DP 还是 PA,是否需要考虑本征

安全;

② 根据系统对实时性要求及传输距离,决定现场总线数据传输速率;

③ 根据是否需要车间级监控和监控站,确定是否用 FMS 及连接形式;

④ 根据系统的可靠性要求及工程投入资金,决定主站形式及产品。

(4) 如何与车间或全厂自动化系统连接

要实现与车间自动化系统或全厂自动化系统的连接,设备层数据需要进入车间管理层数据库。设备层数据首先进入监控层的监控站,监控站的监控软件包含一个在线监控数据库,这个数据库的数据分为两部分。一是在线数据,如设备状态、数值数据、报警信息等;二是历史数据,是对在线数据进行了一些统计分类后存储的数据,可作为生产数据完成日、月、年报表及设备运行记录报表。这部分历史数据通常需要进入车间级管理数据库。自动化行业流行的实时监控软件,如 IFX、NITOUCH、CITECT、WNICC 等,都具有 ACCESS、SYBASE 等数据库的接口。工厂管理层数据库通过车间管理层得到设备层数据。

【任务实施】

本任务的任务书见表 6-1,任务完成报告书见表 6-2。

表 6-1 任务书

任务名称	认识 Profibus 总线				
班级		姓名		组别	
任务目标	① Profibus 总线由哪几个部分组成? ② Profibus 总线系统配置可以分成哪几种形式,分别是什么?				
任务内容	查找实训项目提供的资料,深入学习 Profibus 总线,回答任务目标提出的问题				
资料		工具		设备	
本节知识储备部分		无		无	

表 6-2 任务完成报告书

任务名称	深入学习 Profibus 总线				
班级		姓名		组别	
任务内容					

任务二　工业以太网 PROFINET

【任务描述】

本次任务主要目的是掌握 PROFINET 的解决方案,掌握 PROFINET 的拓扑结构及通信过程。

【知识储备】

一、工业以太网的提出及发展

现场总线控制系统现阶段已经广泛应用在现场级别的通信与控制方面。由于技术的不断创新,智能设备也逐渐应用到现场总线控制系统中来,随着智能设备的不断增加,数据量的传输不断加大,导致传输瓶颈的出现,现场总线控制系统也达到其性能极限,需要新技术来进行扩充。在这种背景下,以太网大数据量高速传输的优势逐渐引起工业网络开发人员的关注。开发人员希望在工控领域引入以太网,使得原有的工控网络性能极限得到突破。

1985 年,IEEE802.3 被采纳为以太网标准,西门子公司在 SINEC H1 名下将其引入并用于工业中,从而诞生了工业以太网。跟普通的以太网技术相比较,西门子公司名下 SINEC H1 的优势在于其具有抗干扰性强的特点及 H1 设备系统范围的接地概念,相比于普通以太网技术更加稳定安全。SINEC H1 体现了工业以太网的一个基本理念,即工业以太网标准的制定需要充分应用现有的标准。只有当普通以太网的标准定义没有考虑到生产过程及恶劣环境影响的时候,才考虑对现有标准进行改变,从而保证了工业以太网和传统以太网设备交互的畅通无阻。在西门子公司提出工业以太网技术的概念之后,其他各大公司也提出了具有各自特色的工业以太网技术,其中包括 PROFINET、ControlNet、Modbus/TCP 等,它们都有着工业以太网的特性。PROFINET 作为工业以太网技术中的一种,是 Profibus 国际组织(PI)创新的基于以太网的开放标准,它的提出也是针对现今以太网技术的发展而产生的一种新的技术,它将工厂自动化的设备层和企业管理层有机地连接到了一起,完整的保留了 Profibus 的开放性,用来集成 Profibus 设备到工业以太网上,降低了产品升级的成本,同时它的提出有助于高速通信数据的快速传输。

二、PROFINET 概述

PROFINET 是用于实现工业以太网的集成和一体化的自动控制解决方案,它可以应用在基于工业以太网通信的分散式的现场级设备和需要苛求时间的应用集成,以及基于组件的分布式自动化系统的集成。PROFINET 是一种基于工业以太网的自动化通信系统,也是一套全面的以太网标准,可以满足工业控制领域中使用以太网的所有需求。工业以太网的标准 PROFINET 涵盖了控制器各个层次的通信,包括设备的普通自动控制领域和功能更加强大的运动控制领域。所以,工业以太网 PROFINET 适用于所有工业控制领域的应用。

PROFINET 的标准还在不断地更新与发展中,有关故障安全和网络安全方面的标准也在定义之中,使 PROFINET 适合在运动控制领域中应用。

PROFINET 标准提供了模块化概念,这个标准包含过程、实时通信、分布式现场设备、运动控制等多方面功能,可以为不同类型的应用提供最优的技术支持。

通过代理,PROFINET 可以使现场总线控制系统的不同设备间实现连接,无缝集成到现场总线控制系统网络中来,对于普通车间的扩展与升级来说,降低了升级成本,这也是 PROFINET 的一项重要功能。

为了给不同类型的自动化应用提供最佳的技术支持,工业以太网 PROFINET 标准提供了两种解决方案。

1. 集成分布式的 PROFINET I/O

PROFINET I/O 是在工业以太网中实现分布式应用和模块化的通信标准,通过 PROFINET I/O 网络,支持现场设备和分布式 I/O 集成到工业以太网络中,所有使用的设备都可以连入一致的网络结构中来,生产车间中的所有通信模式是一致的。PROFINET I/O 设备的编程步骤与 Profibus-DP 一致,其组态、编程和诊断也大体相同。

Profibus-DP 的通信原理是主从轮询制形式,即服从主站/从站间的关系。但是在应用 PROFINET I/O 时,执行工业以太网的模式,各设备间有相等的权利,类似于服务器客户端之间的关系。当 Profibus 设备需要接入 PROFINET 网络中时,需要用到网关设备。通过使用网关设备(即代理服务器),可以实现 Profibu 网络中的每个设备无缝集成到 PROFINET I/O 网络中。

PROFINET I/O 定义了 I/O 控制器与各个设备间的数据通信方式,且定义了 I/O 控制器和 I/O 设备的诊断方法和参数化配置。采用 PROFINET I/O 的形式,分散式现场设备可以无缝集成到工业以太网络中来。Profibus-DP 主/从访问方式在 PROFINET I/O 中转换为提供者/消费者模型,也可以看作是发送者/接收者的关系。在通信形式上看,工业以太网上的每一个设备都有一样的权利。应用组态软件用以分配中央控制器及网络中的现场设备,所以网络中的具有 Profibus 接口的设备可以转换为 PROFINET 网络中的设备。

2. PROFINET CBA

PROFINET CBA,即分布式自动化,它描述了未来工厂车间的自动化的场景。PROFINET CBA 提供了一个可以预先确定技术模块的工具,解决了每一次重新使用设备系统模块的时候都不得不重复地对控制器进行调试及测试的问题。当对设备系统扩展时,不同厂家制造的控制器需要在一个不一致的车间环境中进行通信,这些问题都可以由 PROFINET CBA 来解决。不同的技术特点在组态中产生不同的技术模块,在网络中以自动化组件形式存在并加以使用。同样,一个自动化车间可以根据许多不同的情况分解成不同任务的单元,即技术模块,这些技术模块就由 PROFINET CBA 来体现。其中技术模块一般由一定数量的输入信号进行控制。技术模块的功能实现由用户自身编写的控制程序来定义。技术模块将编写的控制程序产生的信号输出到另外一个控制器中。

PROFINET CBA 把组件的应用部分与组件的创建部分分离。PROFINET CBA 由以下内容组成:创建 PROFINET 组件的工程方法、分布式自动化应用的每个设备间的通信体系结构、现场总线控制系统的移植机制、通过 OPC 对 HMI 系统进行的集成。PROFINET CBA

定义了工业以太网上的通信机制,阐述了用于自动化设备系统的技术模块间通信的工程模型。

PROFINET 组件是一种技术模块的代表,其中的所有输入信号以及输出信号都在工程系统中体现,它的实现与厂商没有关系,且基于组件的系统中的通信部分是经过编程来实现。PROFINET CBA 可以支持具有确定性的通信和基于异常的通信,它们的传输周期可以达到 10 ms,非常适合控制器与控制器间的通信传输。

三、PROFINET 的拓扑结构

网络拓扑需要根据网络中设备单位的要求而设定,即随着传输介质空间结构的不同而改变。不同的网络拓扑结构会对网络传输能力有不同的影响,网络拓扑结构是由三种基本拓扑来组合而成的总线型、星形和环形。实际项目应用中由这三种基本拓扑结构混合搭接完成,在 PROFINET 网络系统中可以使用以下结构。

① 星形拓扑结构。星形拓扑结构是指每个站点设备都连接到位于中心节点的交换机,呈星形分布。它可以应用在设备密度高、覆盖范围不大、空间扩展小的领域中,如大型车间的控制区、独立的生产机器或小型的自动化车间。除了交换机以外,PROFINET 网络中其他设备发生故障时不会影响整个网络,进而造成故障。

② 树形拓扑结构。由几个星形拓扑结构连接到一起就组成了树型拓朴结构。它可以将复杂设备的安装分成几个部分,作为自主设备来进行通信。树形拓扑结构的优点是层次清晰,网络传输能力高强,数据具有较好的安全性。

③ 总线型拓扑结构。PROFINET 网络结构类似于 Profibus 的总线型结构,所有通信设备都是串行连接的,应用安装在 PROFINET 网络中的交换机,实现 PROFINET 总线拓扑结构。总线型拓扑结构使用靠近连接端子的转换开关实现,它可以应用在需要扩展结构的总线系统中,也可以应用于最佳传送系统、装配线等设备。选择总线形结构可以减少布缆量。总线型拓扑结构的优点是布线简单,易于维护和修理。

④ 环形拓扑结构。所有站点由一条环形电缆连接起来,就形成了环形拓扑结构。当系统需要具有高度可靠性,即为了防止发生电缆断开或网络部件故障时,可以应用环型拓扑结构。为了进一步增加网络的可靠性,可以选择带冗余的环形拓扑结构。环形拓扑结构的好处在于可以应对网络组件故障,增加设备的可靠性及有效性。

四、PROFINET 的通信

在 PROFINET 中基于以太网的通信是可以缩放的,如图 6-5 所示,它具有三种不同的等级:

① 用于非苛求时间数据的 TCP/IP 通信,它是一个普通 TCP/IP 等级,可用于 I/O 控制器与 PC 机间的通信,如参数配置和组态部分;

② 用于苛求时间过程数据的软实时(SRT),可以用在工厂自动控制领域;

③ 用于时间要求特别严格的等时同步(IRT),可以用在运动控制领域。

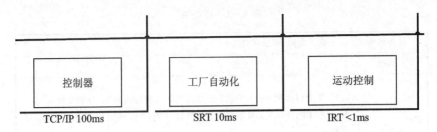

图 6-5 可以缩放的 PROFINET

三种不同性能等级的 PROFINET 网络通信覆盖了自动控制领域的全部应用范围。PROFINET 标准的关键特性有以下几点：

① 同一网络中实时通信（RT）与普通以太网通信可以同时存在；

② 标准化的实时通信协议适用于所有应用，包括 PROFINET CBA 组件间的通信和 PROFINET I/O 间的通信；

③ 可以从普通性能到高级性能，可以实现时间同步的的实时通信。

图 6-6 所示为 PROFINET 的通信通道，PROFINET CBA 包括了 TCP/IP 和 RT 两种基于组态的通信模式。PROFINET I/O 包括了 UDP/IP 通信，以及针对分布式设备的 RT 和 IRT 设备。通过网络层（IP 层）到达传输层（TCP/UDP）可以完成一般的 IT 通信以及 PRFINET NRT 的通信，实时通信部分（PROFINET RT）则省略掉两个部分，快速的由数据链路层到达应用层。PROFINET 的特色在于可缩放的、标准化的通信。

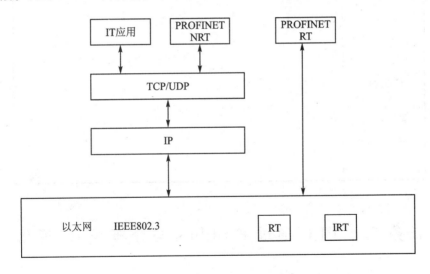

图 6-6 PROFINET 的通信通道

【任务实施】

本任务的任务书见表 6-3，任务完成报告书见表 6-4。

表6-3 任务书

任务名称	工业以太网 PROFINET				
班级		姓名		组别	
任务目标	① 工业以太网 PROFINET 标准提供了几种解决方案,分别是什么? ② 在 PROFINET 网络系统中,可以使用的拓扑结构有几种,分别是什么? ③ 在 PROFINET 中,基于以太网的通信具有几种不同的等级,分别是什么?				
任务内容	查找实训项目提供的资料,深入学习 PROFINET 相关知识,回答任务目标提出的问题				
资料		工具		设备	
本节知识储备部分		无		无	

表6-4 任务完成报告书

任务名称	工业以太网 PROFINET				
班级		姓名		组别	
任务内容					

任务三　PLC通过Profibus与分布式IO通信

【任务描述】

本任务的主要目的是了解 Profibus 总线在西门子 300 工作站上的应用。学习使用 Step 7 软件编程、下载,验证 Profibus-DP 通信。

【知识储备】

1. 什么是分布式 I/O

组建系统时,通常需要将过程的输入和输出集中集成到该自动化系统中。如果输入和输出远离可编程控制器,将需要铺设很长的电缆,从而不易实现,并且可能因为电磁干扰而使得可靠性降低。

分布式 I/O 设备便是这类系统的理想解决方案,具备以下特点:

① 控制 CPU 位于中央位置;

② I/O 设备(输入和输出)在本地分布式运行;

③ 功能强大的 PROFIBUS DP 具有高速数据传输能力,可以确保控制 CPU 和 I/O 设备稳定顺畅地进行通信。

2. ET200M

ET200M 是一款高度模块化的分布式 I/O 系统,防护等级为 IP20。它使用 S7-300 可编程序控制器的信号模块、功能模块和通讯模块进行扩展。由于模块的种类众多,ET200M 尤其适用于高密度且复杂的自动化任务,而且适宜与冗余系统一起使用。

产品特点:

① 模块化 IO 系统,防护等级为 IP20,特别适用于高密度且复杂的自动化任务;

② 同时支持 Profibus 和 Profinet 现场总线;

③ 使用 S7-300 信号模块、功能模块和通讯模块;

④ 可以最多扩展 8 或 12 个 S7-300 信号模块;

⑤ IM153-2 接口模块能够在 S7-400H 及软冗余系统中应用;

⑥ 通过配置有源背板总线模块,ET 200M 可以支持带电热插拔功能;

⑦ 可以将故障安全型模块与标准模块配置在同一站点内;

⑧ 能够使用适用于危险区域内的信号模块。

3. IM 153-x:系列和属性

IM 153-x 包含用于信号模块(SM)、功能模块(FM)和通讯处理器(CP)的接口模块。它们带 RS 485 接口(IM 153-2 也可使用 FOC 接口)并提供分级的功能范围。带 RS 485 或 FOC 接口的接口模块 IM 153-2 的各个产品类型具有相同的功能。IM 153-1 和 IM 153-2 还具有可用于其他运行条件(室外)的产品类型。

分布式输入/输出(I/O)接口模块是 Profibus 网络系统中应用最广泛的从站系统。根据应用场合的不同可以分为很多种。下面通过一个实例介绍以 IM153-2 作为从站的 Profibus-DP 通信。

一、硬件介绍

如图 6-7 所示,这是使用的西门子 PLC 集成组件包括 PLC、编程器、分布式 I/O、电机、变频器以及触摸屏。本次实验使用 PLC 与分布式 I/O 通信,验证 Profibus 总线通信。

二、硬件组态

① 如图 6-8 所示,单击桌面上的 STEP7 图标,启动 STEP7。在菜单 File 中选择 New,

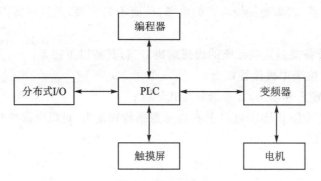

图6-7 硬件框架图

新建STEP7项目工程。

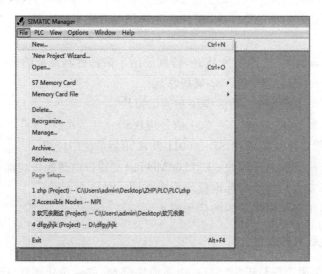

图6-8 新建工程

② 如图6-9所示,新建STEP7项目工程输入项目名称,单击Browse选择所要保存的目录。

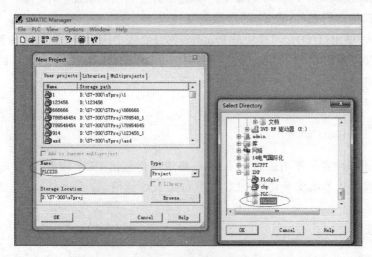

图6-9 选择存储路径

③ 新建完的项目工程如图 6-10 所示，需要往里添加设备。

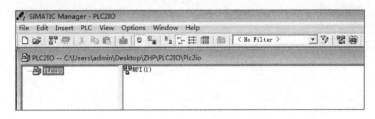

图 6-10　空白项目

④ 如图 6-11 所示，选择 Insert New Object→SIMATIC 300 Station。

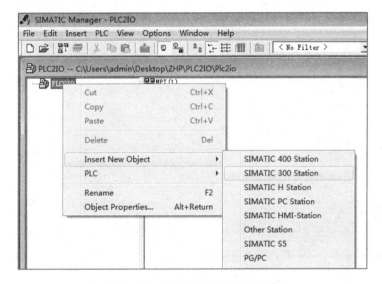

图 6-11　加入西门子 300 工作站

⑤ 如图 6-12 所示，单击项目下面的 SIMATIC 300(1)，右侧窗体出现 Hardware，双击配置硬件组态。

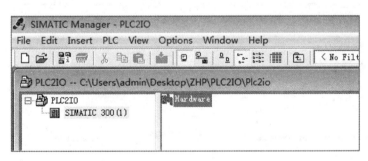

图 6-12　开始配置硬件组态

⑥ 如图 6-13 所示。单击 Hardware，出现窗体。先选择右侧 RACK-300 下的 Rail，出现左侧以及下侧的窗体。此时可以往里面添加电源，CPU 和其他模块。注意第三号位置为预留，第一号位为电源，第二号位为 CPU，后续从第四号位开始。

⑦ 如图 6-14 所示，单击左上方窗体的第一行，首先选择右侧 SIMATIC 300 下的 PS-

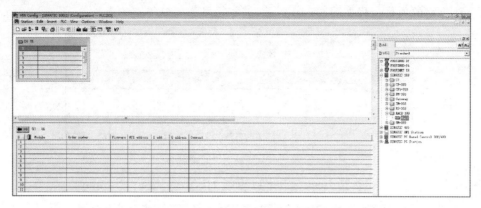

图 6-13 添加导轨

300,根据实际的硬件选择相应型号。

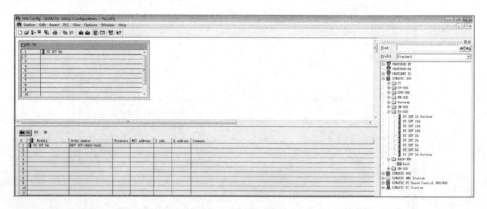

图 6-14 添加电源

⑧ 如图 6-15 所示,单击左上方窗体的第二行,选择 CPU-300 下相对应的硬件型号。在弹出的窗体中确认 Address 为 2,并单击 OK。

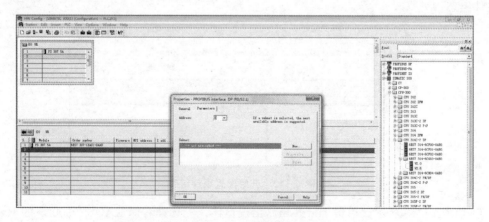

图 6-15 添加 CPU

⑨ 如图 6-16 所示,确定完毕后,在左侧上下方都显示相应的内容,该 CPU 模块自带一些资源(如 DI/DO 等)。

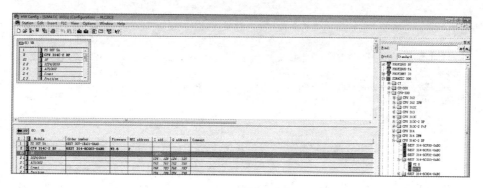

图 6-16 添加成功后

⑩ 如图 6-17 所示,双击红色框图中的 DP 项,弹出一个窗体。

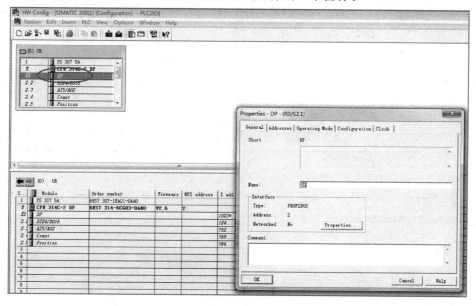

图 6-17 配置 CPU 第一步

⑪ 如图 6-18 所示,注意此时是没有网络连接的(not networked),需要单击右侧的按键 New 生成 PROFIBUS 网络。

⑫ 如图 6-19 所示,在弹出的窗体中,单击 OK。

⑬ 如图 6-20 所示,回到原来的窗体,此时已有 PROFIBUS 网络。

⑭ 如图 6-21 所示,单击 OK,回到上一级窗体,此时 Networked 状态已经为 YES。

⑮ 如图 6-22 所示,选择右侧的 IM 153-2,弹出窗体,其中的 Address 需要修改。

⑯ 如图 6-23 所示,将 Address 修改成 3(分布式 I/O 为 Slave,地址为 3 开始;Master 为 2)。

⑰ 如图 6-24 所示,在 PROFIBUS 连接线上出现了一个新的设备。

⑱ 如图 6-25 所示,此时连接的是分布式 I/O 的 CPU,还需要根据实际的连接添加相对应的模块,即拨码开关。

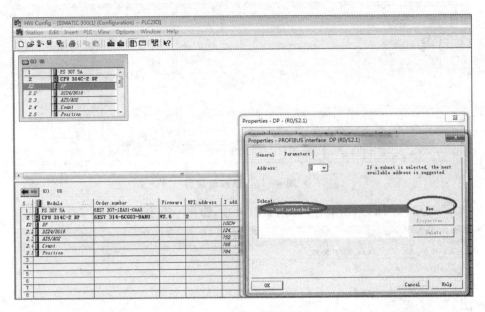

图 6-18 配置 CPU 第二步

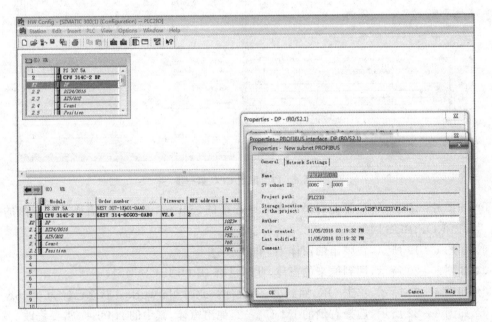

图 6-19 配置 CPU 第三步

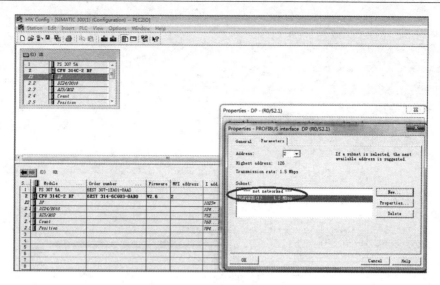

图 6-20 配置 CPU Profibus

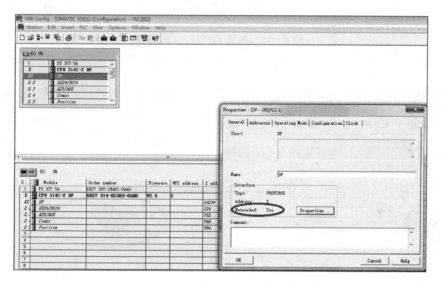

图 6-21 配置 CPU Profibus 成功界面

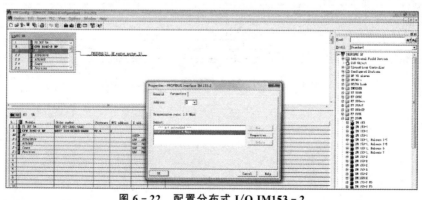

图 6-22 配置分布式 I/O IM153-2

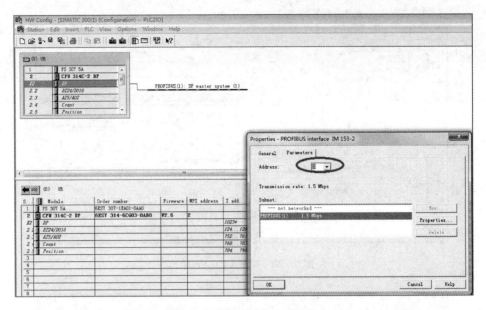

图 6-23　配置 IM153-2 的地址

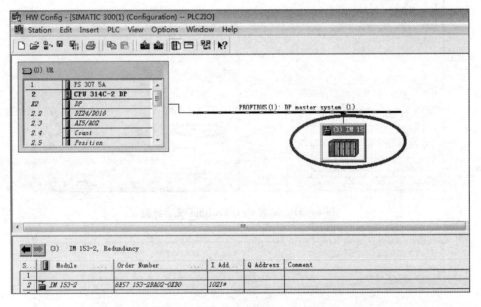

图 6-24　IM153-2 挂接在 Profibus 总线上

项目六　PLC 通信技术应用

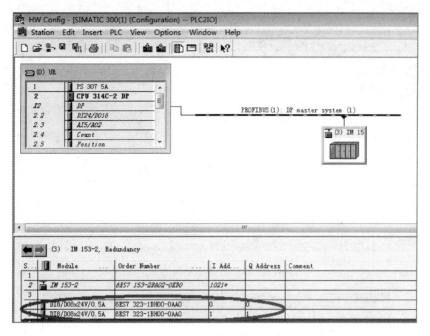

图 6-25　添加拨码开关

三、程序编写

① 如图 6-26 所示,单击 Blocks,右侧的窗体中出现 OB1。

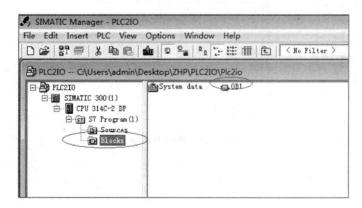

图 6-26　添加软件

② 如图 6-27 所示,在 Created in Language 中选择 LAD(梯形图方式)。
③ 如图 6-28 所示,写入相对应的代码,将分布式 I/O 的某个端口状态读取到 PLC 并做显示。

PLC 与工业机器人应用

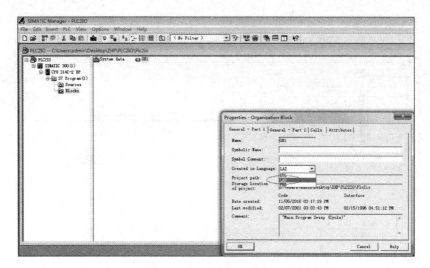

图 6-27 选择梯形图方式

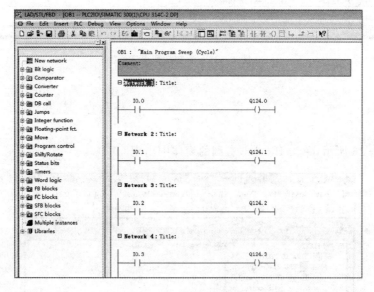

图 6-28 梯形图编程

四、下载程序

① 如图 6-29 所示,回到 SIMATIC 的 Hardware 里面,点击 PLC 下的 Download 下载硬件配置。

② 如图 6-30 所示,在弹出的窗体中单击 OK。

③ 如图 6-31 所示,在弹出的窗体中单击 OK。

④ 如图 6-32 所示,在弹出的窗体中单击 OK。

⑤ 下载进行中的界面如图 6-33 所示。

项目六　PLC通信技术应用

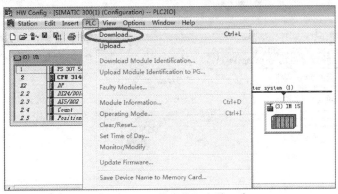

图 6-29　下载硬件组态第一步

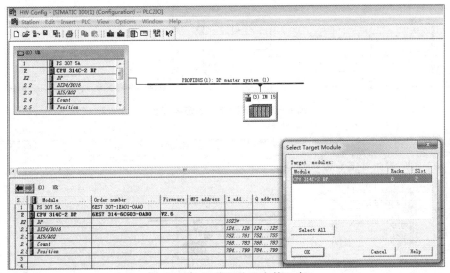

图 6-30　下载硬件组态第二步

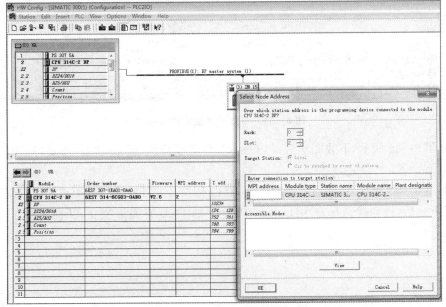

图 6-31　下载硬件组态第三步

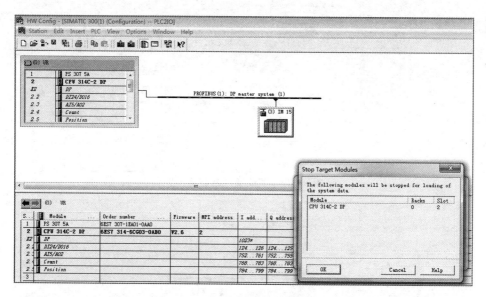

图 6-32　下载硬件组态第四步

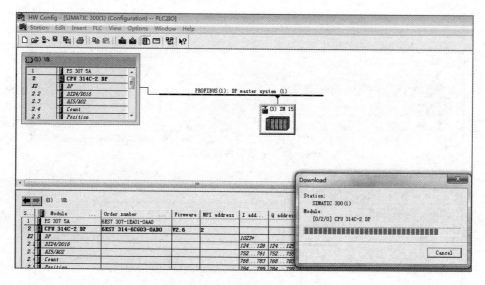

图 6-33　下载硬件组态进行中

⑥ 如图 6-34 所示，下载完毕后，PLC 的 CPU 处于停止（stop）状态，需要将 CPU 置于运行（run）状态。

⑦ 如图 6-35 所示，到梯形图编辑界面，点击 PLC 下的 Download 下载程序，准备调试。

程序下载后，拨动拨码开关，可以看到 PLC 上的 LED 有亮灭变化，从而验证了 Profibus 通信成功。

项目六 PLC 通信技术应用

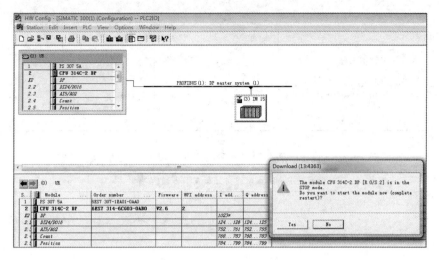

图 6-34 下载硬件组态完毕

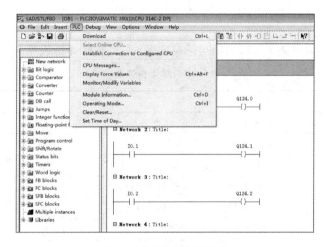

图 6-35 下载软件程序

【任务实施】

本任务的任务书见表 6-5,任务完成报告书见表 6-6。

表 6-5 任务书

任务名称	PLC 通过 Profibus 总线与分布式 I/O 通信			
班级		姓名		组别
任务目标	① 掌握 S7-300 工作站的使用 ② 掌握 IM153-2 的使用 ③ 掌握 Profibus-DP 在 PLC 上的使用			
任务内容	通过拨码开关的操作,控制 LED 的亮灭			

续表6-5

资料	工具	设备
本节知识储备部分 STEP 7 使用手册 S7-300CPU 31xC 和 ET200M 技术规范	STEP7 软件	计算机 PLC 系统一套

表6-6 任务完成报告书

任务名称	PLC 通过 Profibus 总线与分布式 I/O 通信				
班级		姓名		组别	
任务内容					

【项目评价】

本项目学生自评表见表6-7,学生互评表见表6-8,教师评价表见表6-9。

表6-7 学生自评表

项目六　PLC 通信技术应用			
班级	姓名	学号	组别
评价项目	评价内容	评价结果	
专业能力	能够理解 Profibus 总线的基本功能		
	能够掌握 Profibus 总线的组成结构		
	能够掌握 PLC 与分布式 I/O 通信		
	能够掌握 STEP7 软件的基本操作		
方法能力	能够遵守电气安全操作规程		
	能够查阅 PLC 工艺控制手册		
	能够正确使用选择使用工具		
	能够对自己学习情况进行总结		
社会能力	能够积极与小组内同学交流讨论		
	能够正确理解小组任务分工		
	能够主动帮助他人		
	能够正确认识自己错误并改正		
自我评价与反思			

表6-8 学生互评表

项目六 PLC通信技术应用				
被评价人	班级	姓名	学号	组别
评价人				
评价项目	评价内容		评价结果	
专业能力	能够理解Profibus总线的基本功能			
	能够掌握PLC与分布式I/O通信			
	能够掌握STEP7软件的基本操作			
方法能力	遵守电气安全操作规程情况			
	查阅EM200M使用手册情况			
	使用工具情况			
	对任务完成总结情况			
社会能力	团队合作能力			
	交流沟通能力			
	乐于助人情况			
	学习态度情况			
综合评价				

表6-9 教师评价表

项目六 PLC通信技术应用				
被评价人	班级	姓名	学号	组别
评价项目	评价内容		评价结果	
专业知识掌握情况	充分理解项目的要求及目标			
	能够理解Profibus总线的基本功能			
	能够掌握PLC与分布式I/O通信			
	能够理解Profinet网络的基本功能			
任务实操及方法掌握情况	安全操作规程掌握情况			
	PLC程序的编写			
	Profibus通信参数的设定			
	查阅PLC手册情况			
	使用工具情况			
	任务完成总结情况			

续表 6-9

社会能力培养情况	积极参与小组讨论	
	主动帮助他人	
	善于表达及总结发言	
	认识错误并改正	
综合评价		

【思考题】

① 简述工业网络的功能？

② 描述 Profibus 的组成部分并说明每部分的作用是什么。

③ 叙述 Profibus 总线使用时的注意事项。

④ 叙述 PLC 与分布式 I/O 通信时的编程步骤。

应用篇

项目七　认识智能制造技术创新与应用开发平台

  北京赛佰特科技有限公司开发的智能制造技术创新与应用开发平台,综合应用了工业机器人、PLC、伺服系统、变频器、多种传感器、RFID 系统,模拟实现了工业 4.0 环境下物料的自动上料、传输、工业机器人组装、焊接、入库等功能,可以使学习者快速学习工业机器人基本原理、伺服电机驱动控制、执行机构设计与控制设计、工业机器人编程、变频技术、PLC 技术等方面的知识,适合于自动化、机电一体化等专业人员学习工业机器人设计、应用、维护等知识,培养相关工业机器人产业化应用人才。图 7-1 所示为该开发平台的实物图,其中图 7-1(a)所示为智能制造工作平台,图 7-1(b)所示为其相应的控制柜。

(a)工作平台　　　　　　　　(b)电控柜
图 7-1　智能制造技术创新与应用开发平台

任务一　智能制造技术创新与应用开发平台的组成

【任务描述】
  智能制造技术应用开发平台包含六自由度工业机器人、RFID 信息识别系统、智能视觉检测系统、PLC 控制及显示触控系统、工具快换系统、自动供料系统、自动托盘库、输送系统、零件装配系统、组件焊接系统、自动旋转立体仓储机构和物联网远程监控系统。它可以实现对生产制造环节的全方位监视控制与实操实训,包括工件上料、上托盘、输送、检测、识别、搬运、装配、焊接、码托盘、仓储和远程监控等功能和操作。在本任务中主要认识该套设备的组成,了解各部分的作用,以及它们组合在一起的通信方式,了解开发平台上的各部分硬件的特性。

【知识储备】

智能制造技术创新与应用开发平台由 ABB IRB120 型六自由度工业机器人系统、RFID 信息识别系统、智能视觉检测系统、可编程控制器(PLC)系统、两工位供料单元、自动托盘库单元、夹具换装单元、直线输送单元、零件装配焊接单元、立体仓库单元、物联网远程监控单元、各类工件、电气控制柜、型材操作桌等组成。设备包含的元器件清单如表 7-1 所示。

表 7-1 智能制造技术创新与应用开发平台部件清单

序号	名称	主要部件、器件及规格	品牌
1	工业机器人	6 轴工业机器人本体:IRB120	ABB
		机器人控制器:IRC5	
2	工件换装	吸盘工装(吸盘)	亚德客
		抓手工装(机械抓手)	
		焊接工装(焊枪)	
3	RFID 系统	读写器:CBT-RFID	
		电子标签:ISO18000-6C	
4	智能视觉系统	视觉控制器:CBT-VCS	
		视觉相机:CBT-AOF	
5	可编程控制器系统	PLC 主机:S7-300	西门子
		数字量输入模块:1BL00-0AA0	
		数字量输出模块:1BL00-0AA0	
		232 通信模块:340-1AH02-0AE0	
		10 寸可触控显示器	威纶
6	电气操作柜	800mm×600mm×1500mm	
7	操作平台	2000mm×1500mm×1500mm	
8	直流调速系统	直流电机:40SYK4000	铭朗
		编码器:增量式 1000 线	
9	焊接台伺服旋转系统	伺服电机 HFCY20	台达
		伺服驱动器 ASD-B2-0221-B	
10	立体库旋转运动变频系统	变频电机 5GU-50KB	台湾 TLM
		变频驱动器 M440	西门子
11	气动元件	气缸、电磁阀、磁性开关	亚德客
12	功能模块	两工位供料单元、直线输送单元、装配台、焊接台、旋转立体仓库单元、真空发生器、光电传感器、磁性检测开关、到位开关传感器、报警灯、工件原料、工件托盘等	
13	气泵	静音气泵	捷豹

设备工作台平面图如图 7-2 所示。工业机器人 IRB120 在工作台的正中央,托盘盒放置台、装配台、焊接台、立体库入库口均在其工作范围之内。

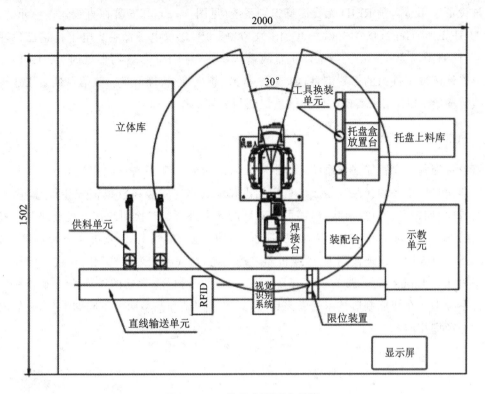

图 7-2 工作平台平面布局图

1. IRB120 六自由度工业机器人系统

IRB120 六自由度工业机器人系统由机器人本体、机器人控制器、手持示教器、输入输出信号转换器等组成,可装备多种夹具、吸盘、焊枪、测量工具等,可对工件进行抓取、吸取、搬运、装配、打磨、焊接、测量、拆解等操作。

机器人本体由六自由度关节组成,固定在型材操作桌上,活动范围半径可达 580mm,重复定位精度 0.01mm。机器人本体用于完成各种作业任务,主要包含机械臂、驱动装置、传动单元以及内部传感器等部分。机械臂的每个关节均采用一个交流伺服马达驱动。机械臂第 6 轴的机械接口为一个连接法兰,用于接装不同的机械操作装置。机械手臂可进行垂直移动、径向移动、回转运动。驱动装置是用于驱使机器人机械臂运动的机构。它按照控制系统发出的指令信号,借助于动力元件使机器人产生动作,相当于人的肌肉和筋络。控制器是完成机器人控制功能的结构实现部分,是决定机器人功能和水平的关键部分。它是根据指令和传感器信息控制机器人完成一定动作和作业任务。机器示教单元有液晶显示屏、使能按钮、急停按钮、操作键盘,用于参数设置、手动示教、位置编辑、程序编辑与在线仿真等操作。示教器是机器人的人机交互接口,操作者可以通过它对机器人进行编程或手动操纵机器人移动,机器人的所有操作基本上都是通过它来完成。

2. RFID 信息识别系统

该设备采用超高频 RFID 无线信息识别系统(见图 7-3),其安装在直线输送单元的左端。支持 UHF EPC Gen2(ISO18000-6C、ISO18000-6B)协议电子标签。电子标签已预埋在工件内部,检测距离为 50mm。当工件从直线输送单元经过 RFID 读写器处时,RFID 检测系统可以准确地读取工件内的标签信息,如编号、类型、颜色、形状等信息。该信息通过工业现场数据总线传输给 PLC,用来实现工件的信息识别与分拣操作。

3. 智能视觉检测系统

该设备配备一套智能视觉系统(见图 7-4),采用分体交互式智能相机方案,由可触控视觉控制器、相机、镜头和光源等组成。视觉相机和镜头固定安装在直线输送线前端,用于检测工件的特性,如数字、颜色、形状等,还可以对装配效果进行实时检测操作。视觉控制系统带有 10 寸触摸显示器,同时可支持 2 路相机,通过 I/O 电缆连接到 PLC 或机器人控制器,也支持串行总线和以太网总线连接到 PLC 或机器人控制器,对检测结果和检测数据进行传输。控制系统采用开源 Linux 系统,带有二次开发 SDK 包,用户可以将自己的图形算法库轻易集成到本软件系统中。在智能制造技术开发平台中,设置了凹型和凸型两种不同的工件,它们的高度和最大外径均相同。

图 7-3 RFID 信息识别系统

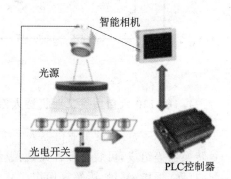

图 7-4 智能视觉系统

视觉软件可以用以下三种方式对工件进行分类:
① 通过不同颜色区分(红、黄、蓝、绿、白);
② 通过产品上的字符区分,每个工件标定的字符内容为数字为 0~9;
③ 通过产品本身的轮廓区分(梯形或圆柱形),视觉相机需根据不同的要求对每组产品进行精确分类。

4. PLC 可编程控制器单元

该设备配备西门子 S7-300 可编程控制器、数字量输入输出扩展模块、232 串行通信模块、以太网通信模块等,用于读写 RFID 系统的工件信息数据,控制机器人、电机、气缸等执行机构动作,处理各单元检测传感器信号,管理工作流程、数据传输等任务。PLC 可编程控制单元配备有 10 寸可触控显示器,可通过现场总线与 PLC 控制系统通信,实时显示和监控系统工作信息、设备工作状态、传感器信号检测等内容,同时通过可触控的人机交互接口,用户可直接手动操控本系统。

5. 两工位供料单元

供料单元是整个生产线的起始单元,由井式料库、推料气缸、光电传感器组成。其安装在铝合金型材操作桌上,用于将原料库中的工件依次推出到直线输送线,提供不同编号、类型、形状、颜色的标准工件,以及编号缺少笔画、杂色叠加等不合格工件,共有凹凸两种类型的工件。双工位的供料设计,使得供料方式多样化,可以进行单一的上料,也可以进行不同编号、类型、形状、颜色的组合上料,以及对上料速度进行控制,实现上料形式的多样化。原料库中安装有光纤光电传感器,对于缺料、料库空置状态进行实时监测和报警。工件存放在料筒中,当生产线需要提供工件时,PLC 控制两个料筒上料气缸上的磁性开关,使得上料气缸伸出,工件便被推料气缸推出到输送线上。当输送线上的红外对射传感器检测到两个工件均被机械手夹起后,PLC 控制上料气缸进行下一轮的上料。上料机构效果图如图 7-4(a)所示,工件效果图如图 7-4(b)所示。

(a) 上料机构效果图　　　　　　(b) 工件样式

(c) 上料单元实物图

图 7-5　上料单元与工件样式

6. 自动托盘库单元

自动托盘库单元由井式料库、推料气缸、托盘出料台、光电传感器和对射传感器组成,安装在铝合金型材操作桌上,用于将托盘库中的托盘推出到托盘出料台处。出料台处安装对射传感器，用于自动检测待抓取托盘有无，机器人可以从托盘出料台处自动抓取托盘到指定托盘装配台位置。装配台处的托盘分为成品托盘、原料托盘和错料托盘，分别用于不同生产工艺情况下的货物处理。托盘盒内设有 4 个工件槽用于放置工件，工件托盘盒和工件带有磁性粘合，可以使工件托盘盒与工件紧密组合在一起。托盘库安装有光纤检测传感器，可对库内空置信息实时监测和报警。在整个流程启动时，待抓取托盘处若检测无托盘，井式料库中光纤传感器检测料库中有托盘，则无杆推料气缸推出一个托盘到托盘待抓取位。自动托盘库效果及实物图如图 7-6 所示。

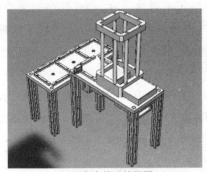
(a) 托盘库单元效果图

(b) 托盘库样式效果图

(c) 托盘库实物图

图 7-6 自动托盘库效果和实物图

7. 夹具换装单元

夹具换装单元由静音气泵、真空发生器、工装快换接头、吸盘工装、抓手工装、焊接工装、工装支架、传感器等机构组成。工装快换接头安装在机器人第 6 轴法兰盘上，可以连接吸盘工装、抓手工装和焊接工装 3 种工具进行功能性操作。抓手工装抓手的两侧装有磁性开关，用来控制抓手的开闭。一侧前端装有漫反射传感器，用于检测前方有无物体，另一侧装有气动对接装置，用于将气动信号自动导入到气动机构上。抓手工装主要用于装配件的搬运、码垛及托盘的抓取与搬运。吸盘工装上装有真空吸盘和气动对接装置，真空吸盘的动作由机器人控制，可以随之移动，吸取任意可到达位置内的工件。焊接工装上装有焊枪装置，用于工件装配后的焊接功能。工装支架安装在铝合金型材操作桌上,用于机器人自动放置和取用不同的工装。图 7-7 所示为工件快换装置的效果图与实物图。

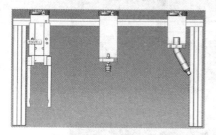
(a) 工装快换装置效果图

(b) 托盘工装

(c) 吸盘工装

(d) 焊接工装

(e) 工件快换装置实物图

图 7-7 工件快换装置效果图与实物图

8. 直线输送单元

直线输送单元是物料运输的生产线单元,包含一套直流调速系统,由直流电机、高精度编码器、调速控制器、同步带轮等组成,安装在型材操作桌上,用于传输工件。由 PLC 模块实现对其运行的控制,直线输送系统可进行方向、速度控制。配套线上分别在 RFID 检测位置、视频照相位置和工件夹取位置安装有红外对射传感器,可对工件位置进行检测和启停控制。输送线末端设置阻挡气缸,用于限位,精确控制工件在输送线上的位置和到位检测处理。直线输送单元的效果图和实物图如图 7-8 所示。

9. 零件装配焊接单元

装配台、焊接操作台分别安装在型材操作桌上,由工件、小型变位机、推送气缸机构和磁性开关传感器等组成,用于不同工件的装配和焊接工艺环节。机器人在装配台可以对不同工件进行组合装配操作,装配台提供工件位置加紧机构,通过推送气缸固定工件位置,并安装有磁性开关与 PLC 通信来控制气缸的开闭。机器人在焊接台可以对工件进行焊接工艺模拟,焊接台提供加紧装置和气动旋转变位机构,可对进行模拟焊接的工件进行固定和水平任意角度焊

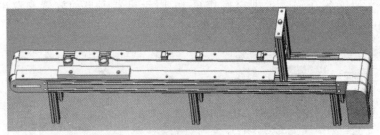

(a) 直线输送带效果图

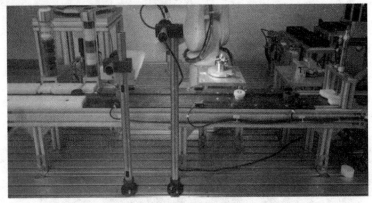

(b) 直线输送带实物图

图 7-8 直线输送单元

接操作,其安装有光电传感器,用来检测旋转是否到位。图 7-9 所示为零件装配与焊接台。

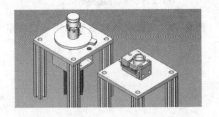

(a) 零件装配与焊接台效果图

(b) 零件装配台

(c) 零件焊接台

图 7-9 零件装配与焊接单元

10. 立体仓库单元

立体仓库单元由托盘放置架、安装座、变频器、三相异步电机、防护罩等组成。可分为成品库、原料库、废品库，由铝质材料加工而成，具有自动旋转机构，配有 12 个仓位（3×4），底部安装有位置检测的光电传感器，整体安装在铝合金型材操作桌上，用于放置装配完的工件托盘。图 7-10 所示为立体仓库单元效果与实物图。

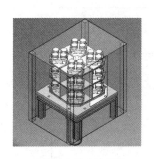
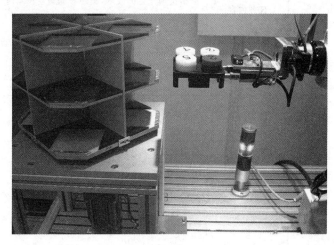

(a) 旋转立体库效果图　　　　　　　　(b) 立体仓库实物图

图 7-10　旋转立体仓库

11. 物联网远程信息监控单元

物联网远程信息监控单元由 WSN 无线传感器网络、嵌入式网关和远程信息监控软件构成，可实时对生产过程进行环境信息采集、监控，对产品信息进行全程追踪，并可对系统进行远程故障识别与运维。监控单元提供手机端 APP 软件，可远程连接和访问。

12. 电气控制柜

电气控制柜用于安装机器人控制器、PLC、变频器及调速控制器、电源、数据信号线路等电气部件，采用网孔板的结构，便于拆装。它通过四根电缆线与型材操作桌相连，两端使用航空插头，强弱电分离，连接安全可靠，操作方便灵活。

13. 以太网路由器

以太网路由器将 PLC、机器人控制器、智能视觉控制器进行组网，进行数据的相互传输，实现工业现场控制系统的高层次应用。同时，还可以培养和考核学生对工业网络技术的使用技能。

【任务实施】

本任务的任务书见表 7-1，任务完成报告书见表 7-2。

表 7-1 任务书

任务名称	智能制造技术应用平台的组成				
班级		姓名		组别	
任务目标	① 了解智能制造技术应用平台的组成部分 ② 掌握智能制造技术应用平台的各部分的功能				
任务内容	根据实训任务的要求,描述智能制造技术应用与开发平台的基本功能,以及该平台的组成,列出其所包含的各个部分,列些元器件清单				
资料		工具		设备	
智能制造技术应用与开发平台操作说明书		电工工具		智能制造技术创新与应用开发平台设备一套	

表 7-2 任务完成报告书

任务名称	智能制造技术应用平台的组成			
班级		姓名		组别
任务内容				

任务二 智能制造技术创新与应用开发平台的工作过程

【任务描述】

本任务将以智能制造技术创新与应用开发平台的完整工作为例,说明该设备所实现的工作过程。该套设备工作过程包括上料、输送、装配、焊接、装盘、入库等部分。在执行过程中,实时识别物料信息,安装设定的装配与入库控制原则进行运行,并实时记载装配信息实现与上层应用软件的信息交互。

【知识储备】

1. 复位与启动

在设备的左下角有下列操作按钮:启动、停止、急停、故障复位,上电后按下面板上的绿色"启动"键,设备开始执行工作任务。

2. 上　料

（1）托盘盒上料

① 托盘盒料库检测到有工件托盘盒，出料台检测到是空位，工件托盘盒推料气缸向外推出一个空托盘盒。

② 机器人从初始位置运行到工具换装等待位置。

③ 机器人运行到托盘盒出料台上方，接着将出料台上的托盘盒搬到3号装配台上（装取原料工件），机器人回到托盘盒出料台上方等待；托盘盒料库检测到有托盘盒，且出料台检测到是空位，托盘盒推料气缸向外推出下一个空托盘盒。

④ 机器人运行到托盘盒出料台上方，接着将出料台上的托盘盒搬到2号装配台上（装取成品工件），机器人回到托盘盒出料台上方等待；托盘盒料库检测到有托盘盒，且出料台检测到是空位，托盘盒推料气缸向外推出下一个空托盘盒。

⑤ 机器人运行到托盘盒出料台上方，接着将出料台上的托盘盒搬到1号装配台上（装取错料工件）；至此，3个托盘盒全部完成自动上托盘。

⑥ 机器人运行到工具换装装置处装上吸盘工装，并运行到工件跟踪吸取等待位置（直线输送线处）。

（2）工件上料

工件料库检测到有工件后，2个工件料库推料气缸分时各自推出工件。工件设计分为2种可装配焊接样式，1号工件为凹形体，2号工件为凸型体。

3. 输　送

① 直线输送带开始运行，推出的工件由直线输送线向前传送，到达RFID检测单元进行检测。

② 直线输送线带有自动启停控制，可通过线上传感器进行自动启停，当工件完成识别、分拣、搬运后，输送线自动配合上料结构自动运行。

4. RFID识别

PLC主控制器对RFID读写器进行操作，读出工件内标签信息，PLC判断工件是装配需要的还是不需要的，并控制机器人进行分拣。具体分拣操作如下：如果是可用工件，工件到达直线输送带后，且跟踪传感器触发，机器人将进行跟踪吸取工件的操作，并将工件搬运到装配台。待装配焊接完成后，根据工件标签信息，机器人将工件装入到对应托盘盒放置台的2号托盘盒。如果是不可用工件，机器人将工件装入到对应托盘和放置台的3号托盘盒后，回到跟踪吸取等待位置。

5. 智能视觉识别

① 直线输送线传送工件过程中，到达视觉识别采集点，自动停止，视觉相机从上往下对工

件进行拍照;同时视觉处理器进行分析工件的形状、编号和颜色,并将检测结果输出给机器人。视觉系统可以判断工件外形尺寸,颜色,编号和工件流水线顺序。正常出料顺序为1号工件(凹形体),2号工件(凸型体)循环上料。

② 对错误的上料顺序,智能视觉系统可以检测和判别,机器人将工件装入到错料托盘盒即托盘盒放置台的1号托盘盒。

6. 搬　运

① 工件经过直线输送线,如果 RFID 检测结果为不可用工件,机器人将此工件标记为原料工件,之后机器人将工件装入到对应托盘盒放置台的3号托盘盒内,如接连检测到多个不可用工件,机器人依次码工件入托盘。满托盘后,机器人自动换取托盘工装,将满托盘搬运至旋转立体库的原料库中,进行自动码垛托盘库。

② 如果智能视觉检测结果为出料顺序不正确,机器人将此工件标记为错料工件,之后机器人将工件装入到对应托盘盒放置台的1号托盘盒。如接连检测到多个错料工件,机器人依次码工件入托盘。满托盘后,机器人自动换取托盘工装,将满托盘搬运至旋转立体库的错料库中,进行自动码垛托盘库。

③ 如直线输送线有合格工件到达跟踪吸取等待位置,触发到位信号,机器人使用吸盘工装将工件依次搬运至装配台。

7. 装　配

① 经过检测后的合格工件,机器人将1号工件吸取到装配台,装配台设计有卡具进行固定,在装配台上机器人将2号工件吸取至1号工件上方,并完成装配工序(凹凸件装配)。

② 机器人完成装配工序,发出信号给 PLC 程序,装配台卡具松开,机器人自动换取托盘工装,将装配完成的半成品工件夹取、搬运至焊接台。

8. 焊　接

① 机器人将半成品工件夹取搬运至焊接操作台,发出信号给 PLC,焊接台卡具装置进行紧固操作。

② 机器人在工具换装单元完成抓手自动更换,更换成焊接工装。机器人与小型变位机配合完成工件的焊接工艺模拟,工件在小型变位机上可以顺时针旋转180°,机器人利用焊机抓手完成工件焊接工艺模拟。

③ 机器人在工具换装单元完成抓手自动更换,更换成抓手工装之后将焊接台上的成品工件搬运至工件盒放置台的2号成品托盘盒内。

9. 入　库

① 机器人在工具换装单元完成抓手自动更换,更换成托盘盒工装。

② 如果成品托盘盒内码满成品工件,机器人将成品满托盘搬运至成品库,如果原料托盘内码满原料工件,机器人将满托盘搬运至原料库,如果错料托盘内检测码满错料工件,机器人

将满托盘搬运至错料库。

③ 当一个成品入库后,控制系统需记录此库位不为空,下一个成品入库时应直接跳过这个库位,旋转立体库自动逆时针旋转到下一个库位。

④ 工作流程内仓库位置优先级别为:1＞2＞3＞4,共分为 3 层仓库,1 层为原料库,2 层为成品库,3 层为错料库,仓库位置分布如图 7-11 所示。

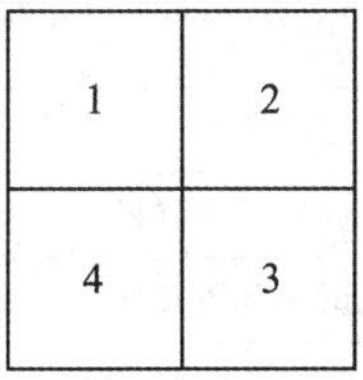

1	2
4	3

图 7-11　立体仓库中托盘位置示意图

⑤ 入库完成后,机器人运行到初始位置,机器人从步骤 2 开始重复操作完成下一个生产流程。

【任务实施】

本任务的任务书见表 7-3,任务完成报告书见表 7-4。

表 7-3　任务书

任务名称	智能制造技术创新与应用开发平台的工作过程		
班级		姓名	组别
任务目标	① 了解智能制造技术应用平台的面板基本操作 ② 掌握智能制造技术应用平台的工作流程		
任务内容	根据实训任务的要求,描述智能制造技术应用与开发平台的面板操作顺序,以及该改平台的工作流程,根据工作过程深入体会各部件的功能		
资料	工具		设备
智能制造技术应用与开发平台操作说明书	电工工具		智能制造技术创新与应用开发平台设备一套

表 7-4　任务完成报告书

任务名称	智能制造技术创新与应用开发平台的工作过程		
班级		姓名	组别
任务内容			

【项目评价】

本项目学生自评表见表7-5,学生互评表见表7-6,教师评价表见表7-7。

表7-5 学生自评表

项目八	认识智能制造技术创新与应用开发平台		
班级	姓名	学号	组别
评价项目	评价内容		评价结果
专业能力	能够理解平台的组成		
	能够掌握平台的工作过程		
	能够掌握认识平台各元件并指出其特点		
方法能力	能够遵守电气安全操作规程		
	能够查阅相关手册		
	能够正确使用选择使用工具		
	能够对自己学习情况进行总结		
社会能力	能够积极与小组内同学交流讨论		
	能够正确理解小组任务分工		
	能够主动帮助他人		
	能够正确认识自己错误并改正		
自我评价与反思			

表7-6 学生互评表

项目八	认识智能制造技术创新与应用开发平台			
被评价人	班级	姓名	学号	组别
评价人				
评价项目	评价内容			评价结果
专业能力	能够正确说出平台的组成			
	能够掌握平台的控制工作过程			
	能够操作平台运行			
方法能力	遵守电气安全操作规程情况			
	查阅PLC、机器人相关手册情况			
	使用工具情况			
	对任务完成总结情况			

续表 7-6

社会能力	团队合作能力	
	交流沟通能力	
	乐于助人情况	
	学习态度情况	
综合评价		

表 7-7 教师评价表

项目八 认识智能制造技术创新与应用开发平台				
被评价人	班级	姓名	学号	组别
评价项目	评价内容			评价结果
专业知识掌握情况	充分理解项目的要求及目标			
	平台的组成			
	平台的工作过程			
任务实操及方法掌握情况	安全操作规程掌握情况			
	平台操作运行情况			
	使用工具情况			
	查阅操作手册情况			
	任务完成总结情况			
社会能力培养情况	积极参与小组讨论			
	主动帮助他人			
	善于表达及总结发言			
	认识错误并改正			
综合评价				

项目八　供料、输送、入库单元应用

　　智能制造技术创新与应用开发平台中,供料单元分为待加工工件供料和托盘供料,它们是通过PLC控制气缸来完成的;输送单元是一套直流调速系统带动旋转皮带外加相关的红外传感器组成的,直流调速系统通过PLC输出PWM信号进行调速控制;入库单元是工业机器人将装满的托盘送入立体库,立体库是可以旋转的,共分为上下三层,机器人可根据不同的物流存储策略对废料托盘盒成品托盘进行入库操作。本项目将通过三个任务详细讲解三部分的元件组成、设计原理和工作过程。

任务一　供料单元的调试运行

【任务描述】

　　供料单元分为元件的上料和托盘的上料。元件上料是通过两组气缸完成的,1号元件由一组气缸完成上料,2号元件由一组气缸完成上料,两组气缸交叉运行工作。托盘存储在托盘库中,通过气缸完成托盘的推出,由工业机器人完成托盘位置的摆放。通过本任务的学习,应深入了解上述系统工作部分的组成及工作过程。

【知识储备】

图8-1　元件上料单元实物图

一、元件上料单元

　　元件上料单元实物图如图8-1所示。本单元主要是由电磁阀、送料气缸、磁性开关、对射光纤传感器、储料桶、推料块组成。

1. 电磁阀

　　上料气动电磁阀选用亚德客公司4V130E-M5B型三位置双电控中位排气型电磁阀,4V

是指五口三位型,130E 中的 1 是指 100 系列,30E 是指三位置双电控中位排气型,M5 是指接管口径尺寸为 5mm,B 是指受电标准电压为 DC24V。该款电磁阀的产品三维效果图和平面尺寸图分别如图 8-2 和 8-3 所示。其产品特性是滑驻式结构,密封性好,反应灵敏。三位置电磁阀有三种中央位置可供选择,内孔采用特殊加工工艺,摩擦阻力小,启动气压低,使用寿命长,无需加油润滑,可与底座集成阀组节省安装空间,附设手动装置,便于安装调试,产品有多种标准电压等级可供选择。

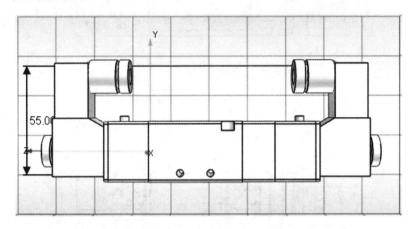

图 8-2　三位置双电控中位排气型电磁阀三维效果图

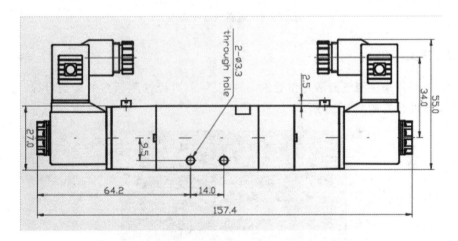

图 8-3　三位置双电控中位排气型电磁阀平面尺寸图

2. 送料气缸

送料单元共有两组气缸,分别为 1 号元件和 2 号元件,气缸的型号为 MI16X100SCM,为亚德客公司 MI 系列不锈钢迷你气缸,16X 是指气缸的缸径为 16mm,100 是指气缸的标准行程为 100 mm,S 为附磁石代号,CM 为圆尾型的外观形状。该款气缸的主要特点是符合 ISO6432 标准,前后盖带固定式防撞垫,可减少气缸的换向冲击;产品具有多种后盖形式,使气缸安装更方便,前后盖和不锈钢缸体采用铆合结构,连接可靠,不锈钢材质的活塞杆和缸体使气缸能适应一般腐蚀性工作环境;产品系列丰富,具有多种不同规格的气缸和气缸安装附件可供选择。送料气缸的三维效果图和平面尺寸图分别如图8-4和图8-5所示。

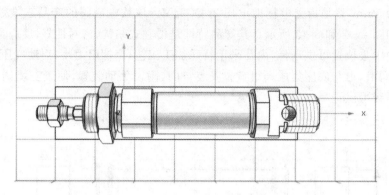

图8-4 送料气缸三维效果图

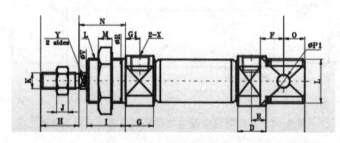

图8-5 送料气缸平面图

3. 磁性开关

磁性开关是用来检测气缸活塞位置的一种传感器,可以检测活塞的运动行程。磁性开关在气缸上安装的位置如图8-6所示。

图8-6 磁性开关和气缸实物安装图

它可分为有接点型和无接点型两种。有接点型内部含有两片磁簧管组成的机械触点,无接点型内部为晶体管,又可分为NPN型和PNP型。本次选用的是亚德客公司的无接点型的磁性开关。其工作原理是当随气缸移动的磁环靠近感应开关时,感应开关的两根磁簧片被磁化而使触点闭合,产生电信号;当磁环离开磁性开关后,舌簧片失磁,触点断开,电信号消失。这样可以检测到气缸的活塞位置从而控制相应的电磁阀动作。图8-7所示为气缸和磁性开关工作的示意图。

有接点式的磁性开关在使用时的注意事项如下:

① 安装时,不得让开关受过大的冲击力,如将开关打入、抛扔等,会损坏开关;

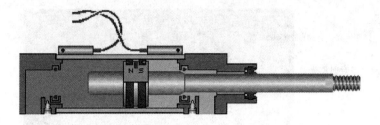

图 8-7 气缸与磁性开关工作原理图

② 不能让磁性开关处于水或冷却液中使用；
③ 绝对不要用于有爆炸性、可燃性气体的环境中；
④ 周围有强磁场、大电流（如电焊机等）的环境中应选用耐强磁场的磁性开关；
⑤ 不要把连接导线和动力线（如电动机等）、高压线并在一起；
⑥ 磁性开关周围不要有切削末、焊渣等铁粉存在，若堆积在开关上，会使开关的磁力减弱、甚至失效；
⑦ 在温度循环变化较大的环境中不得使用；
⑧ 磁性开关的配线不能直接接到电源上，必须串接负载；
⑨ 负载电压和最大负载电流都不要超过磁性开关的最大允许容量，否则其寿命会大大降低；
⑩ 从安全考虑，两磁性开关的间距应比最大磁滞距离大 3 mm；
⑪ 两个以上带磁性开关的气缸平行使用时，为防止磁性体移动的相互干扰、影响检测精度，两缸筒间距离一般应大于 40 mm；
⑫ 对于直流电，棕线接正极，蓝线接负极，若带指示灯，当开关吸合时，指示灯亮；若接反，开关动作，但指示灯不亮；
⑬ 带指示灯的有接点磁性开关，当电流超过最大电流时，发光二极管会损坏；若电流在规定范围以下，则会变暗或不亮；
⑭ 活塞接近磁性开关时的速度 V 不得大于磁性开关能检测的最大速度 Vmax。该最大速度 Vmax 与感应开关的最小动作范围 Lmin、磁性开关所带负载的动作时间 Tc 之间的关系式为：Vmax= Lmin/ Tc（开关在行程中间时需要注意）；
⑮ 因磁性开关有个动作范围，故安装磁性开关的气缸存在一个最小行程，若气缸行程太小则会出现开关不能断开的现象；
⑯ 若负载为继电器、电磁阀等感性负载时，应做相应的保护；

4. 对射型光纤传感器

光纤传感器是一种放大器分离型的光电传感器，光纤传感器中也有对射型、回归反射型和扩散反射型等，光纤传感器能够检测一些由于空间太小、一般传感器无法安装的场合或特殊环境。光纤传感器因为光纤的优点以及它的数字化显示、管理，是目前光电传感器发展的主流。本上料单元在物料桶底部安装了一对对射型光纤传感器，用以检测物料的有无，在无料时给主控 PLC 发出信号，产生缺少物料的提示。对射光纤传感器安装位置示意图如图 8-8 所示。

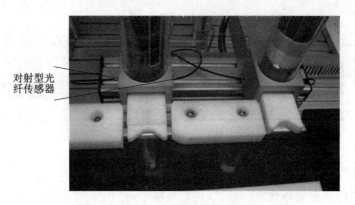

图 8-8 对射光纤传感器安装位置示意图

5. 元件上料部分 PLC 控制 I/O 分配

供料单元的传感器和执行器件均由主控 PLC 来完成控制进而实现相关功能，供料单元的数字量信号送至 PLC 的单独数字量输入模块 6ES7 321-1BL00-0AA0 中和数字量输出模块 6ES7 322-1BL00-0AA0 中，具体的 I/O 分配表如表 8-1 所列。

表 8-1 元件上料部分 I/O 分配表

Slot1	32 点输入模块，DI 模块	
Module	6ES7 321	
地址	元件	功能描述
I:3.0	磁性开关	工件底盖上料缩回
I:3.1	磁性开关	工件底盖上料伸出
I:3.2	磁性开关	工件上盖上料缩回
I:3.3	磁性开关	工件上盖上料伸出
I:4.6	对射型光纤	工件底盖有无料检测
I:4.7	对射型光纤	工件上盖有无料检测
Slot2	32 点输出模块，DO 模块	
Module	6ES7 322	
地址	元件	功能描述
Q:2.0	电磁阀	工件底盖上料缩回阀
Q:2.1	电磁阀	工件底盖上料伸出阀
Q:2.2	电磁阀	工件上盖上料缩回阀
Q:2.3	电磁阀	工件上盖上料伸出阀

二、托盘上料单元

托盘上料单元主要包含的元器件有送料气缸、位置检测磁性开关、出口处托盘有无检测对射式光电传感器、托盘库有无检测对射式光纤传感器、托盘库以及支架。其实物图如图 8-9

所示。各种元器件的特性同物料送料单元,在此不再介绍。托盘库的控制过程为当主控 PLC 接收到送托盘命令后,在托盘库有托盘,托盘出口位置无托盘的情况下,由 PLC 控制气缸将托盘推出,同时给工业机器人发出取托盘信号,由工业机器人将托盘取下放到码垛位置。

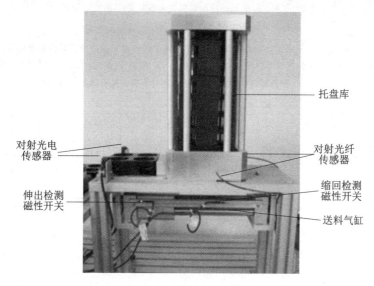

图 8-9 托盘入库单元

托盘单元的 PLC 控制 I/O 分配表如表 8-2 所列。

表 8-2 托盘库单元控制 I/O 分配表

Slot1	DI 模块,DO 模块	
Module	6ES7 321,6ES7 322	
地址	元件	功能描述
I:3.4	磁性开关	托盘上料缩回
I:3.5	磁性开关	托盘上料伸出
I:5.0	对射光纤	托盘库有无料检测
Q:2.4	送料气缸	托盘上料缩回阀
Q:2.5	送料气缸	托盘上料伸出阀

三、PLC 控制接线图

上述元件供料单元和托盘供料单元的 PLC 控制接线图请参考本书附录的附图 18。

【任务实施】

本任务的任务书见表 8-3,任务完成报告书见表 8-4。

表 8-3 任务书

任务名称	供料单元的调试运行		
班级		姓名	组别

续表8-3

任务目标	① 掌握供料单元的元器件组成 ② 掌握供料单元的元器件的 PLC 控制 I/O 分配 ③ 掌握供料单元的控制流程并能编写 PLC 的控制程序 ④ 掌握供料单元 PLC 的调试运行
任务内容	根据实训任务的要求,进行供料单元各个元器件的安装并调整到位,对控制单元进行 I/O 分配,编写 PLC 控制程序控制物料的上料伸出和缩回,控制托盘的伸出和缩回,控制过程需满足整体生产线的控制流程

资料	工具	设备
智能制造技术应用与开发平台操作说明书	电工工具	智能制造技术创新与应用开发平台设备一套

表8-4 任务完成报告书

任务名称	供料单元的调试运行				
班级		姓名		组别	
任务内容					

任务二 自动输送线的调试运行

【任务描述】

输送线单元是将1号工件即工件底座和2号工件即工件上盖输送至工业机器人可搬运位置的传送带。该传送带由直流电机加减速机构驱动,由 PLC 直接控制启停运转。输送线单元全长100cm,原料供料单元在输送线的最左边,输送线单向向右运行,物料依次经过标签识别区、颜色工号视觉识别区以及组装等待区;在输送线的最右侧为上方立一支架,上有阻挡气缸,当物料穿过组装等待区时,气缸推出将物料挡住,PLC 输送信号给工业机器人,机器人阻挡区和等待区的物料搬运到加工台。该条输送带的主要组成是直流调速驱动系统、同步带、视觉传感器、标签识别器、对射光电传感器、阻挡气缸等。本任务将深入讲解各部分的工作原理以及输送线的工作流程。输送线实物图如图8-10所示。

【知识储备】

一、直流调速驱动系统

直流驱动系统是该条输送线的动力来源,它是由直流电机、高精度编码器、直流调速控制

项目八 供料、输送、入库单元应用

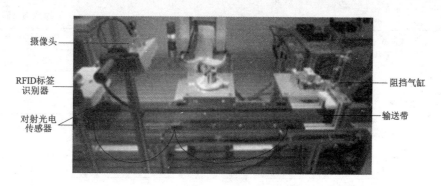

图 8-10　输送线实物图

器、同步带轮等组成,这些部件统一安装在型材操作桌上,用于工件的传输。

1. 直流电机

直流电机选用一款石墨碳刷系列空心杯电机,型号为 40SYK4000,该款电机的运行参数如表 8-5 所列。电机的使用注意事项如表 8-6 所列。电机的外观侧视尺寸图如图 8-11 所示。减速器选用 P36H-A 行星齿轮减速器,直径为 36 mm,减速传动比为 1:19。

空心杯电动机在结构上突破了传统电机的转子结构形式,采用的是无铁芯转子,也叫空心杯型转子。这种新颖的转子结构彻底消除了由于铁芯形成涡流而造成的电能损耗,同时其重量和转动惯量大幅降低,从而减少了转子自身的机械能损耗。转子的结构变化使电动机的运转特性得到了极大改善,不但具有突出的节能特点,更为重要的是具备了铁芯电动机所无法达到的控制和拖动特性。空心杯电机分为有刷和无刷两种,有刷空心杯电机转子无铁芯,无刷空心杯电机定子无铁芯。

空心杯电机的特点主要有:

① 节能特性:能量转换效率很高,其最大效率一般在 70% 以上,部分产品可达到 90% 以上(铁芯电动机一般在 70%);

② 控制特性:启动、制动迅速,响应极快,机械时间常数小于 28 ms,部分产品可以达到 10 ms 以内(铁芯电动机一般在 100 ms 以上);在推荐运行区域内的高速运转状态下,可以方便地对转速进行灵敏的调节;

③ 拖动特性:运行稳定性十分可靠,转速的波动很小,作为微型电动机其转速波动能够容易地控制在 2% 以内;

④ 空心杯电动机的能量密度大幅度提高,与同等功率的铁芯电动机相比,其重量、体积减轻 1/3~1/2。

表 8-5　电机运行参数(25C)

标称功率	W	150	最大效率	%	88
额定电压	Volt	15	电机连续运行区域上线	电流	mA	6 676
电机电阻±10%	Ohm	0.18		转矩	mNm	136.2
空载转速±10%	rpm	7 000		转速	rpm	6 439
空载电流≤125%	mA	300.0		功率	W	91.8

续表 8-5

速度常数	rpm/V	469	机械时间常数	ms	4.5
转矩常数	mNm/A	20.4	转动惯量	gcm2	103.7
堵转电流	mA	83 333	电感	mH	
堵转转矩	mNm	1 700	重量	g	420

表 8-6 电机使用注意事项

1	轴向间隙（沿轴向施加 4N 力时的间隙）		0.05～0.15 mm
2	滑动轴承最大载荷		
	轴向（动态）		2.4 N
	径向（卡簧外 4mm）		28 N
	最大允许安装力（静态）		110 N
3	滑动轴承最大径向间隙		0.02 mm
4	环境温度范围		－20～＋85 ℃
5	转子承受最高温度		＋120 ℃
6	电机重量		420 g

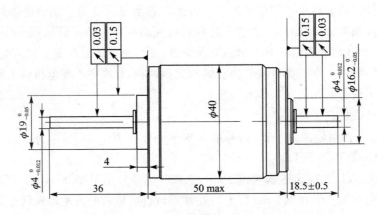

图 8-11 电机侧视尺寸图

由于空心杯电动机克服了有铁芯电动机不可逾越的技术障碍，而且其突出的特点集中在电动机的主要性能方面，使其具备了广阔的应用领域。尤其是随着工业技术的飞速发展，对电动机的伺服特性不断提出更高的期望和要求，使空心杯电动机在很多应用场合拥有不可替代的地位。空心杯电动机的应用从军事、高科技领域进入大工业和民用领域后，十多年来得到迅速发展，尤其是在工业发达国家，已经涉及到大部分行业和许多产品。空心杯电机应用的主要领域如下：

① 需要快速响应的随动系统，如导弹的飞行方向快速调节、高倍率光驱的随动控制、快速自动调焦、高灵敏的记录和检测设备、工业机器人、仿生义肢等，空心杯电动机能很好地满足其技术要求。

② 对驱动元件要求平稳持久拖动的产品，如各类便携式的仪器仪表、个人随身装备、野外

作业的仪器设备。电动车等,同样一组电源,供电时间可以延长一倍以上。

③ 各种飞行器,包括航空、航天、航模等。利用空心杯电动机重量轻,体积小,能耗低的优点,可以最大限度地减轻飞行器的重量。

④ 各种各样的民用电器、工业产品。采用空心杯电动机作为执行元件,可以使产品档次提高,性能优越。

⑤ 利用其能量转换效率高的优势,也可作为发电机使用;利用其线性运行特性,也作为测速发电机使用;配上减速器,也可以作为力矩电动机使用。

随着工业技术进步,各种机电设备严格的技术条件对伺服电动机提出越来越高的技术要求,同时,空心杯电动机的应用范围已经完全脱离了高端产品的局限性,正在迅速地扩大在一般民用等低端产品上的应用范围,以广泛提升产品品质。在发达国家已经有100多种民用产品成熟应用了空心杯电动机。

2. 直流驱动器

直流驱动控制器选用铭朗科技生产的直流伺服驱动器MLDS3605。其外观图如图8-12所示。驱动器型号中ML为公司代码,DS代表直流伺服电机驱动器系列,36代表电源电压为12~48 V,05代表最大连续输出电流5 A。

该直流驱动器的适用范围如下:

① 适合驱动有刷、永磁直流伺服电机,力矩电机,空心杯电机;

② 最大连续电流5 A,最大峰值电流10 A;

③ 直流供电电源+12~48 V;

④ 功率200 W,过载能力达400 W;

⑤ 适合速度、位置的四象限控制。

该直流驱动器的功能技术指标如下:

(1) 主要功能

① 输入脉冲、方向信号进行步进模式控制;

② 高精度PWM信号速度控制;

③ 通过RS232实现参数调整、在线监测;

④ PID参数数字化存储;

⑤ 实时读取驱动器内部温度;

⑥ 过流、过载、过压、欠压保护;

⑦ 温度保护;

⑧ 超调、失调保护,动态跟踪误差保护。

图8-12 直流伺服驱动器外观图

(2) 技术参数

其技术参数见表8-7。

表8-7 直流驱动器技术参数表

参数	标号	参数值	单位
电源电压	U	12~48	VDC
最大连续输出电流	Ic	5	A
最大峰值输出电流	Imax	10	A
PWM开关频率	FPWM	62.5	kHz
静态功耗(待机电流)	Iel	80/12 V,40/24 V,25/48 V	mA
输出编码器电源	+5V	5	VDC
输出编码器电源	ICC	100	mA
外部控制电源	VCC	5	V
数字信号输入(共阳接法)	CLK,DIR,EN	截止(高电平):小于1 mA 导通(低电平):3~7 mA	
PWM控制	频段	100~500	Hz
PWM控制	占空比范围	0%≤占空比≤100%	
PWM控制	占空比=50%	0	RPM
PWM控制	占空比<50%	电机反转	CCW
PWM控制	占空比>50%	电机正转	CW
步进脉冲最高频率	fmax	200	KHz
故障输出	集电极开路	最高上拉30 V,电流5 mA	
故障输出	有故障	输出低电平	
编码器输入	信号类型	OC,TTL,5 V线驱动	
编码器输入	最高频率	200	kHz
欠压保护	Tu	10.5	V
过压保护	To	54	V
通信端口	RS232	9600(19200)	bps
内置存储器	EEPROM	256	bytes
过热保护温度	MLD3605	<-10 ℃或>70 ℃	
过热保护温度	MLDS3605E	<-40 ℃或>85 ℃	
工作温度范围	MLD3605	-10 ℃~+70 ℃	
工作温度范围	MLDS3605E	-40 ℃~+85 ℃	
储存温度范围	MLD3605	-40 ℃~+85 ℃	
储存温度范围	MLDS3605E	-55 ℃~+125 ℃	

该款直流伺服驱动器的接口定义如表8-8所列,接线图如图8-13所示。

表 8-8 驱动器接口定义表

序号	规格	定义	类型	
1	+12~48 V	驱动器电源(输入电机额定电压)	输入	电源
2	0 V	驱动器电源地	输入	
3	MOT+	电机驱动信号正	输出	电机
4	MOT−	电机驱动信号负	输出	
5	+5V	编码器正电源	输出	编码器
6	A	编码器信号 A 通道	输入	
7	B	编码器信号 B 通道	输入	
8	0V	编码器电源地	输出	
9	TX	RS−232 发送端,与编码器电源共地	输出	RS232
10	RX	RS−232 接收端,与编码器电源共地	输入	
11	VCC	控制信号公共电源(+4.75~5.25 V)	输入	控制信号
12	CLK/PWM	控制输入(脉冲/脉宽)(隔离)	输入	
13	DIR	方向控制(只在步进模式有效,隔离)	输入	
14	EN/RST	外部使能控制(隔离)	输入	
15	FAULT	故障输出(隔离)	输出	
16	GND	控制信号,和 VCC 由外部供给	输入	

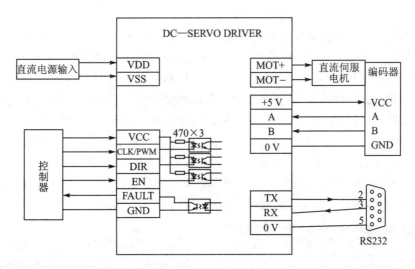

图 8-13 直流驱动器接线图

在这里,对如图 8-13 所示,接线图作以下说明:

① +5V,0V 是编码器电源,由驱动器内部产生,提供 100mA 电流驱动能力。如编码器消耗电流超过 60mA,则需外部提供电源。

② TX,RX,0V:RS232 接口,实现参数设置,运行状态监测等。

③ VCC,GND:隔离电源,由外部提供,输入范围:+4.75~5.25V。

④ CLK/PWM:控制信号输入端,步进脉冲、PWM 信号共用端口,通过 RS232 串口设置

信号属性,用户根据需要,可以选择下列其中一种控制组合:
- PWM,GND:脉宽信号输入,实现速度控制;
- CLK,DIR,GND:脉冲+方向信号的步进模式控制。

⑤ EN/RST 信号为外部使能控制、复位信号,在任何模式下都有效。高电平时,驱动器加载电机;低电平时,驱动器释放电机,电机处于无力矩状态,并且清除所有出错标志。此信号在悬空时为高电平。

⑥ FAULT 是驱动器向外部输出的出错信号。当系统产生报警或保护时,输出低电平;正常状态时,输出高电平。

⑦ CLK 步进脉冲信号,上升沿有效。有效脉冲宽度如图 8-14 所示。

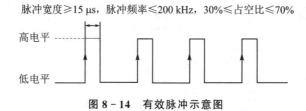

图 8-14 有效脉冲示意图

⑧ DIR 是方向信号,高电平控制电机正转,低电平控制电机反转。悬空时为高电平状态。此信号只在步进模式时有效,其余模式时无效。

二、输送线上视觉检测

视觉检测的主要功能是实现在输送线上对工件进行颜色、形状和编号的检测。在智能制造技术创新与应用开发平台上选配的是 AOT 系列人机交互式智能相机 GC-F2500C。

AOT 系列是专门为各类机器人和工业自动化应用设计的一款集成了触摸屏的分体式小型智能相机。其内嵌了软件系统,可以为用户提供灵活和强大的功能。相机和主控制器之间用专用电缆连接,电缆长度可达 10 米,完全胜任传输距离远的特殊场合需求。主控制箱可以同时和两台相机连接,处理来自两台相机的图像,使系统结构更优化、成本更低。智能相机实物图如图 8-15 所示,其中图 8-15(a)所示为交互式相机控制器,图 8-15(b)图所示为分体相机。AOT 内嵌了多种应用软件,可以实现目标物识别和定位、机器人定位、轨迹识别、条码和字符识别等功能,用户可以按需选择各个软件模块。

(a) 交互式相机控制器

(b) 分体式相机

图 8-15 分体式智能相机单元

1. 智能相机硬件接口

交互式相机控制器的功能是进行视觉处理、作业存储、串行口和以太网连接功能以及离散 I/O 信号连接功能,分体相机的功能是提供图像采集、采集触发、散光同步的功能。交互式相机控制器的侧面具有连接器和指示器接口,实物图如图 8-16 所示。AOT 的连接器和指示器接口功能如表 8-9 所列。电源连接器接口管脚功能如表 8-10 所列。电源连接器接口管脚分布如图 8-17 所示。

表 8-9 连接器和指示器接口功能表

连接器/指示器	功 能
电源/IO 连接器	连接分接电缆,可以提供与外部电源、相机采集输入、闪光同步输出、RS-232 串行通信及信号输入输出之间的连接
Ethernet 连接器	将视觉系统连接到网络。Ethernet 连接器提供外部网络设备的以太网连接
分体相机连接口	与选配的分体相机连接用

图 8-16 智能相机连接器/指示器接口

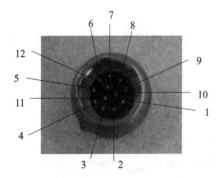

图 8-17 电源连接器接口针脚分布图

表 8-10 电源连接器接口管脚定义

管脚号	信号名称
9	PGND
8	POWER 8-30VDC
1	IO_IN_1+
2	PWM2+
11	PWM1+
4	IO_OUT_1+
6	RS232_RX
7	RS232_TX
5	RX232_GND
12	OPN_GND
10	IO_IN_2+
3	IO_OUT_2-

2. 智能相机通信协议

PLC 作为上位机、视觉系统作为下位机,采用一问一答方式,上位机主动发起通信命令,下位机应答相应的结果或者数据。

PLC 与相机的通信协议格式如下：

0x7EFF00E7(命令头,四个字节) + 数据长度(int 型,4 个字节) + 命令号(short 型,2 个字节) + 命令内容 + CRC(short 型,2 个字节)

CRC 从命令号开始计算,数据长度是指命令号开始的数据不包含 crc,本协议均是高位在前低位在后。

(1) PLC 发送软触发

PLC 发送该命令,下位机接收到后,触发采集图像运行算法回复触发成功。方便 PLC 发送读检测结果。

PLC 发送软触发命令：

0x7EFF00E7 + 0x00000002(数据长度) + 0x0002(命令号) + CRC(short 型,2 个字节)

相机回复触发结果：

0x7EFF00E7 + 0x00000002(数据长度) + 0x0002(命令号) + (1 字节结果 1 成功) + CRC(short 型,2 个字节)

(2) 读检测结果

PLC 发送该命令,下位机接收到后,将本次检测的结果发送给上位机。

PLC 发送查询算法结果：

0x7EFF00E7 + 0x00000002(数据长度) + 0x0001(命令号) + CRC(short 型,2 个字节)

相机回复查询算法结果：

0x7EFF00E7 + 0x0000000b(数据长度) + 0x0001(命令号) + [命令内容] + CRC(short 型,2 个字节)

命令内容组成:坐标、颜色、形状、编号。

坐标为 x 和 y 均为 float 型,坐标为预留项,目前不在检测范围,后续客户二次开发时可以直接使用。

颜色为 int 型;0 红色;1 黄色;2 蓝色;3 绿色;4 白色。

形状为 int 型;0 为凹;1 为凸。

标号为 int 型;

假设当前检测到的结果是白色,形状为凹,标号为 9,那么发送的数据为：

0x7EFF00E7 + 0x00000016(长度) + 0x0001(命令号) + 0x0000000000000000(xy 坐标,预留) + 0x00000004(颜色) + 0x00000000(形状) + 0x00000009(编号) + crc

3. 智能相机系统软件系统

智能相机是基于 linux 内核开发的,所以首先要在 windows 下安装 vmware 虚拟机以及在虚拟机下安装 ubuntu 操作系统,注意安装 VMware12 时,需要 64bits 的 PC 操作系统,最好是 win7 以上的版本(包含 win7)。ubuntu 操作系统的安装演示如表 8-11 所列。

表 8-11 ubuntu 系统安装过程

序号	示意图	步骤说明
1	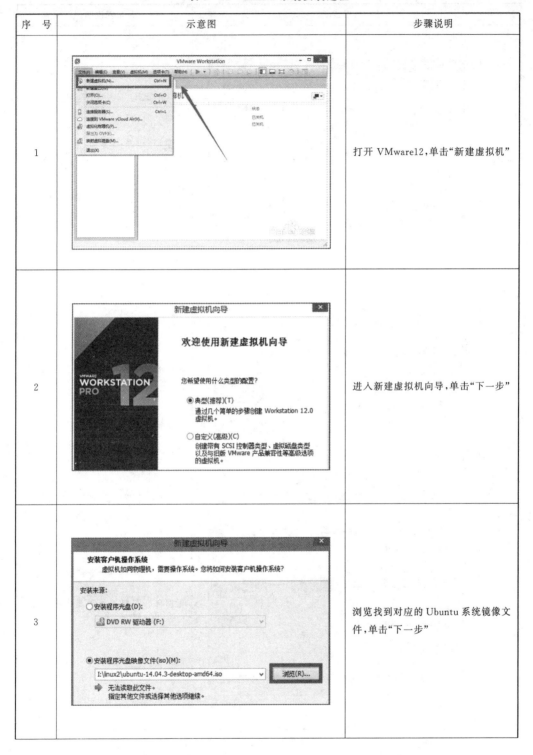	打开 VMware12,单击"新建虚拟机"
2		进入新建虚拟机向导,单击"下一步"
3		浏览找到对应的 Ubuntu 系统镜像文件,单击"下一步"

续表 8-11

序号	示意图	步骤说明
4		选择 Linux 系统，单击"下一步"
5		填写虚拟机名称，选择安装位置，单击"下一步"
6		根据自己需要选择磁盘大小，单击"下一步"

续表 8-11

序 号	示意图	步骤说明
7		单击完成
8		启动虚拟机开始安装系统

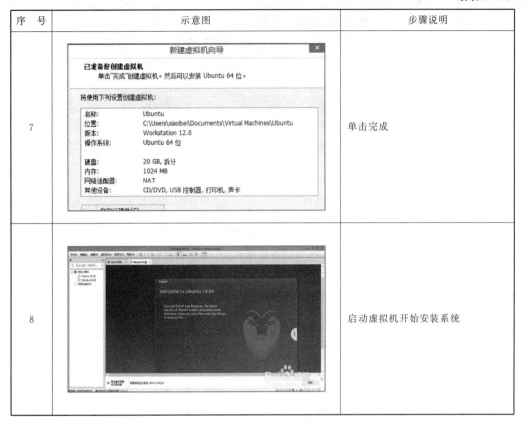

将 tools 目录下的 toolchain.tar.bz2 解压至 ubuntu 的/opt 目录下，至此开发环境搭建完成。

三、末端阻挡气缸

在输送线的尾端安装有一阻挡气缸及支架，其目的是将输送线上漏掉的工件阻挡住以防止从输送上掉落。阻挡气缸选用的是一款无杆缸，型号为 RMT25X150S，磁性开关型号与送料气缸上的相同。阻挡气缸及支架如图 8-18 所示。排气节流阀同工作台上其他节流阀型号相同，型号为 ASL6-M5。

气缸及磁性开关的工作原理同任务一，在此不再赘述。

图 8-18 阻挡气缸部分

四、PLC 控制 I/O 分配

输送单元上的传感器与气缸部分 PLC 控制 I/O 分配如表 8-12 所列，直线输送单元的直流驱动系统 I/O 分配如表 8-13 所列。

表 8-12 输送单元传感器控制 I/O 分配表

Slot1	DI 模块,DO 模块	
Module	6ES7 321,6ES7 322	
地址	元件	功能描述
I:3.6	磁性开关	输送阻挡气缸缩回
I:3.7	磁性开关	输送阻挡气缸伸出
I:5.1	对射光电	FRID 有无料检测
I:5.2	对射光电	摄像头有无料检测
I:5.3	对射光电	阻挡处有无料检测
Q:2.6	电磁阀	输送阻挡气缸缩回阀
Q:2.7	电磁阀	输送阻挡气缸伸出阀

表 8-13 直流驱动器单元 I/O 分配表

Slot1	CPU 模块	
Module	6ES7 314	
地址	元件	功能描述
I:0.7	驱动器	直流故障输出
Q:1.2	驱动器	直流电机使能
Q:1.3	驱动器	直流电机脉冲
Q:1.4	驱动器	直流电机方向

【任务实施】

本任务的任务书见表 8-14,任务完成报告书见表 8-15。

表 8-14 任务书

任务名称	自动输送线的调试运行			
班级		姓名		组别
任务目标	① 掌握输送线的元器件组成 ② 掌握输送线单元的 PLC 控制 I/O 分配 ③ 掌握直流驱动模块的工作原理 ④ 掌握直流驱动模块的运动程序编写			
任务内容	根据实训任务的要求,进行输送带各个元器件的安装并调整到位,对控制单元进行 I/O 分配,对直流驱动系统进行调试,编写 PLC 控制程序控制输送带运行,综合运用输送带上的传感器使输送带单元运行过程符合系统工作流程			
智能制造技术应用与开发平台操作说明书	电工工具		智能制造技术创新与应用开发平台设备一套	

表 8 – 15　任务完成报告书

任务名称	自动输送线的调试运行				
班级		姓名		组别	
任务内容					

任务三　入库单元的调试运行

【任务描述】

在智能制造技术创新与应用开发平台设备中,立体仓储库单元的转动是通过 MM440 变频器驱动普通三相异步电动机来实现,当有入库需要时,PLC 根据入库位的选择发送相应的信号给变频器,使变频器转动固定的角度,使空库位面对工业机器人,工业机器人完成相应的入库动作。本任务将详细描述 PLC 控制变频器的方式和立体库单元的硬件组成,以及 PLC 与变频器外部端子的接线和 PLC 的 I/O 分配,掌握智能制造生产线单元的入库原则,掌握工业机器人入库过程中的示教点。

【知识储备】

立体库单元由立体仓储库、支架、电机等组成,实物图如图 8 – 19 所示。立体仓储库共分为上、中、下三层,每层有四个存储位置,电机由变频器驱动,旋转立体库单元的电机与变频器如图 8 – 20 所示。

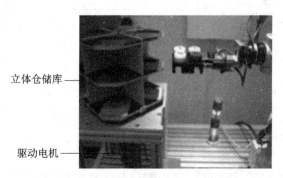

图 8 – 19　自动旋转立体仓储库单元

一、变频器与 PLC 的连接

PLC 通过模拟量的方式控制变频器的运行频率,立体仓库单元的运行过程是:当计数到有托盘码垛满盘时,工业机器人执行入库操作,即应用快换工具系统中的夹爪工具插入托盘底部,托起托盘后大范围移动至立体仓库位置,准备入库。入库的原则是先将成品托盘放入第二

(a) 三相感应电机　　　　(b) MM440变频器

图 8-20　立体库的驱动电机与变频器

层,第二次放入第三层,第三次托盘入库时,工业机器人给 PLC 信号,通过 PLC 控制变频器带动电机逆时针转动,立体仓库旋转至 2 号仓库位。立体库的第一层放置错料托盘。PLC 通过数字输出点 Q1.0 连接变频器的数字量端子 8 来控制电机的启动,通过 Q0.7 连接变频器数字量端子 7 来控制变频器的异常复位,通过 Q0.6 连接变频器端子 6 控制电机的反转,通过 Q0.5 连接变频器端子 5 来控制电机的正转,同时通过模拟量输出控制变频器运行的频率。PLC 与变频器的连接示意图如图 8-21 所示。

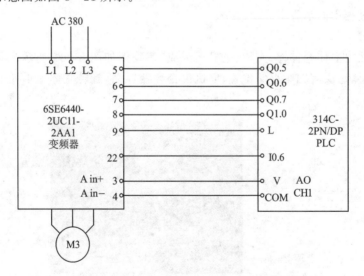

图 8-21　变频器与 PLC 的连接示意图

二、变频器的参数设置

MM440 变频器的 1、2 输出端为用户的给定单元提供了一个高精度的+10 V 直流稳压电源,可利用转速电位调节器串联在电路中,调节电位器即可改变输入端口 Ain+ 给定的模拟输入电压值,变频器的频率将随着给定量而变化,从而实现平滑无极地调节电动机转速。MM440 为用户提供了两对模拟量输入端口,即端口 3、4 和端口 10、11,在这里使用的是端口 3

和4。通过PLC模拟量的输出,实现平滑的调节电机转速,并配合外部端子5和6实现电机转动方向的改变。在变频器中设置的参数如表8-16所列。电机参数的设置表在此不再叙述,可以根据电机的铭牌参数完成相应的设置。

表8-16 模拟信号操作控制参数设置表

参数号	出厂值	设置值	说明
P0003	1	1	设用户访问级为标准级
P0004	0	7	命令和数字I/O
P0700	2	2	命令源选择由端子排输入
P0003	1	1	设用户访问级为标准级
P0004	0	7	命令和数字I/O
P0701	1	1	ON接通正转、OFF停止
P0702	1	2	ON接通反转、OFF停止
P0703	1	9	故障确认
P0003	1	1	设用户访问级为标准级
P0004	0	10	设定值通道和斜坡函数发生器
P1000	2	2	频率设定值选择为模拟输入
P1080	0	0	电动机运行的最低频率值
P1082	50	50	电动机运行的最高频率值
P1120	10	1	斜坡上升时间(S)
P1121	10	1	斜坡下降时间(S)

三、入库过程

第一步:工业机器人应用夹爪工具准备托起托盘盒,对准托盘插孔,如图8-21所示。

图8-21 准备运送托盘

第二步:将托盘盒托起,如图8-22所示。
第三步:将托盘搬运到入库点,如图8-23所示。

图8-22 工业机器人托起成品库托盘

图8-23 将托盘运送至入库准备位置

第四步：准备入库第二层，如图8-24所示。
第五步：送至库位正上方，如图8-25所示。

图8-24 入库第二层1号工位

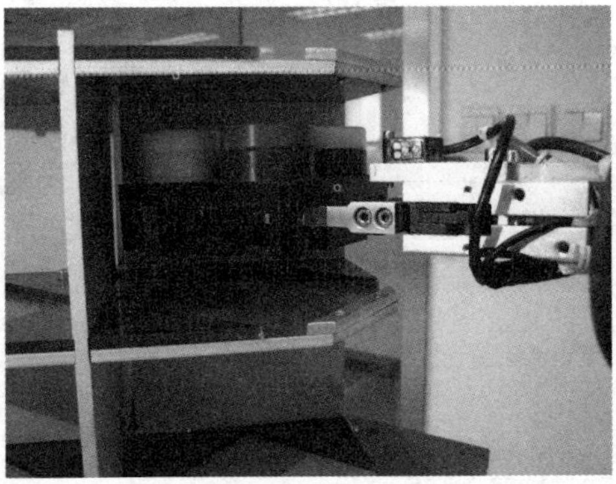

图8-25 入库至1号工位正上方

第六步：入库后夹爪收回，如图8-26所示。

图8-26 入库后夹爪收回

至此，一个托盘盒入库完成。当入库第二个托盘时，工业机器人先入库到第三层的同一库位,待需要入库第三个托盘时,立体库逆时针旋转 90°,至下一个库位,等待下一次入库操作。

【任务实施】

本任务的任务书见表 8-17,任务完成报告书见表 8-18。

表 8-17 任务书

任务名称	入库单元的调试运行				
班级		姓名		组别	
任务目标	① 掌握立体库的元器件组成 ② 掌握立体库单元变频器的使用方法 ③ 掌握立体库单元变频器与 PLC 控制接线 ④ 掌握工业机器人入库时的示教点位				
任务内容	根据实训任务的要求,进行立体库单元各个元器件的安装并调整到位,对控制单元进行 I/O 分配,对变频器进行参数设置,下载 PLC 控制程序控制立体库旋转运动,运行工业机器人程序完成入库动作				
资料		工具		设备	
智能制造技术应用与开发平台操作说明书		电工工具		智能制造技术创新与应用开发平台设备一套	

表 8-18 任务完成报告书

任务名称	入库单元的调试运行				
班级		姓名		组别	
任务内容					

【项目评价】

本项目学生自评表见表 8-19,学生互评表见表 8-20,教师评价表见表 8-21。

表 8-19 学生自评表

项目八 供料、输送、入库单元的调试运行			
班级	姓名	学号	组别
评价项目	评价内容		评价结果
专业能力	能够掌握送料单元的组成		
	能够掌握输送线的各元件工作过程		
	能够掌握入库单元的组成及运行过程		

续表 8-19

方法能力	能够遵守电气安全操作规程	
	能够查阅 PLC、变频器、机器人等相关手册	
	能够正确使用选择使用工具	
	能够对自己学习情况进行总结	
社会能力	能够积极与小组内同学交流讨论	
	能够正确理解小组任务分工	
	能够主动帮助他人	
	能够正确认识自己错误并改正	
自我评价与反思		

表 8-20 学生互评表

项目八 供料、输送、入库单元的调试运行				
被评价人	班级	姓名	学号	组别
评价人				
评价项目	评价内容		评价结果	
专业能力	能够理解供料、输送、入库单元的工作过程			
	能够掌握平台的控制工作流程			
	能够操作供料运行、输送运行、入库运行			
方法能力	遵守电气安全操作规程情况			
	查阅 PLC、机器人相关手册情况			
	使用工具情况			
	对任务完成总结情况			
社会能力	团队合作能力			
	交流沟通能力			
	乐于助人情况			
	学习态度情况			
综合评价				

表 8-21 教师评价表

项目八 供料、输送、入库单元的调试运行				
被评价人	班级	姓名	学号	组别
评价项目	评价内容			评价结果
专业知识掌握情况	充分理解项目的要求及目标			
	供料单元的组成			
	输送单元的组成			
	入库单元的组成			
任务实操及方法掌握情况	安全操作规程掌握情况			
	供料单元的运行			
	输送单元的运行			
	入库单元的运行			
	任务完成总结情况			
社会能力培养情况	积极参与小组讨论			
	主动帮助他人			
	善于表达及总结发言			
	认识错误并改正			
综合评价				

项目九　装配与焊接单元应用

在智能制造技术创新与应用技术开发平台中,当元件由输送线运送到工业机器人取件点后,输送线立即停止传送,由 PLC 向工业机器人系统发送元件到位信号,工业机器人收到信号后,启动搬运程序。工业机器人分别将 1 号元件和 2 号元件搬运到装配台进行组装,组装完毕后,工业机器人自动换装工具,用夹爪工具将组合好的元件搬运至焊接台,工业机器人再次换装工具,换成焊枪工具后,模拟焊接过程,焊接完成后,换装夹爪工具将完成品进行码垛进托盘。如图 9-1 所示即为工业机器人装配台与焊接台实物图。

图 9-1　装配与焊接台实物图

任务一　自动装配单元调试运行

【任务描述】

装配台是工业机器人对 1 号元件和 2 号元件装配的平台,该平台是选用气动滑台来完成元件的固定,滑台上部安装有特制的铝型材圆弧型夹紧块,当气动滑台动作时,夹紧块会将元件固定,气动滑台的夹紧和放松动作受 PLC 控制,滑台中配置 2 个磁性开关将夹紧状态和放开状态信号反馈进 PLC 中,由 PLC 协调工业机器人进行取件动作。本任务的目的是认识装配台的组成及装配台中控制信号的 I/O 分配,了解气动滑台的相关参数,熟悉装配台在整个制造过程中的动作流程。

【知识储备】

一、装配台硬件组成

装配单元的组成包括装配台支架、气动滑台、磁性开关、排气节流阀组成。其实物图如

图 9-2 所示。

图 9-2 气动滑台实物图

1. 气动滑台

气动工作滑台由气缸驱动的水平、垂直移动的一体式滑动的标准零部件加以组合而成,减少了设计及制作工时,且价格低廉、交货期短、定位精度高、行走速度快、高负载、可适应恶劣环境、安装简捷。由于使用场合对负载支承力、转矩、导向精度、行程及连接方式等方面的要求不同,出现了各种结构和类型的滑台气缸。本次选用的气动滑台的型号为 HLQ12X10SA,其产品特点如下。

① 组件标准化:实现气动设备的模块组件标准化。在搬运、传动、输送等作业中,水平方向和垂直方向均可使用。气动工作滑台可替换滑台气缸而且价格低、寿命长、维护保养容易。

② 轻量化高刚性:使用挤制铝合金型材制造的基座与直线导轨相结合因而实现了轻量化和高刚性。高刚性、高精度、价格低、体积小、重量轻、铝合金结构、模组化设计、滑动台和底座经过阳极处后装入直线导轨,基座与滑动台搭配,实现了高刚性和负载容量。对负载负荷的变位量小,用于搭载的质量或外部负载变动的用途也能依然保持高稳定性。

③ 耐腐蚀性:基座和滑座表面经过高耐腐蚀和耐磨性铝合金防蚀钝化处理,此外,选用不锈钢直线导轨,安装螺钉也全部使用特殊处理的电镀镍材质,因此具备充分的耐腐蚀性。

该款气动滑台的俯视图、左视图、主视图、立体视图分别如图 9-3、9-4、9-5、9-6 所示。

2. 磁性开关

气缸的磁性开关主要是将位置信号提供给控制器,控制器检测到磁性开关信号的有无,对气缸实现位置控制、到位停止、到位启动。本次选用的是无接点型的磁性开关 DSIG020。其工作原理是当随气动滑台移动的磁环靠近感应开关时,感应开关的两根磁簧片被磁化而使触点闭合,产生电信号;当磁环离开磁性开关后,舌簧片失磁,触点断开,电信号消失。这样可以检测到滑台的位置,从而将滑台的夹紧或松开状态反馈进 PLC 系统中。

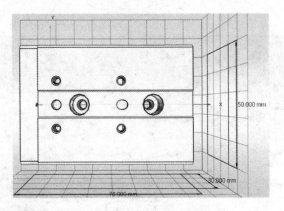

图 9-3 气动滑台俯视图

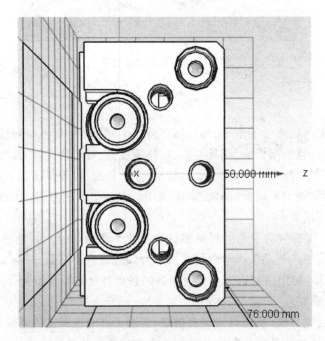

图 9-4 气动滑台左视图

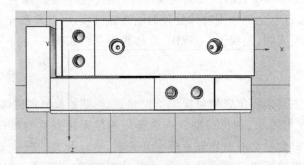

图 9-5 气动滑台主视图

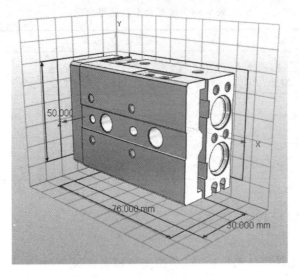

图 9-6 气动滑台立体结构示意图

3. 电磁阀

气动滑台的控制电磁阀亦选用三位置双电控中位排气型电磁阀,型号与供料单元气缸的控制电磁阀一样,将整个实训装置的电磁阀集中安装在设备的左下角,如图 9-7 所示。

图 9-7 电磁阀集中安放图

二、装配台 I/O 信号分配

装配台中送入 PLC 的信号是通过磁性开关完成的,分别为装配台夹紧信号和装配台放松信号。PLC 的数字量输出信号接到电磁阀上,控制装配台上底座的夹紧与放松。这些信号送入 PLC 的地址如表 9-1 所示。

表 9-1 装配台 I/O 信号分配

Slot1	DI 模块,DO 模块	
Module	6ES7 321,6ES7 322	
地址	元件	功能描述
I:4.2	磁性开关	装配滑台张开
I:4.3	磁性开关	装配滑台夹紧
Q:3.2	滑台气缸	装配滑台张开阀
Q:3.3	滑台气缸	装配滑台夹紧阀

三、工业机器人装配过程

当输送线上两种工件均已到位后,PLC 给工业机器人发信号,工业机器人系统中所配置的主要输入输出信号如表 9-2 所列。

表 9-2 工业机器人 I/O 信号

	序号	地址	功能描述
输入信号	1	di01	工件 1 到位信号
	2	di06	工件 2 到位信号
	3	di07	托盘库准备好
输出信号	4	do1	打开真空吸工件信号
	5	do4	法兰盘吸取工具信号
	6	do5	机械夹抓夹紧
	7	do10	焊枪给信号给变位机,变位机旋转
	8	do11	托盘库旋转

通过现场示教编程的方法编写工业机器人转配的程序,在示教过程中,充分考虑工业机器人轨迹的合理性,合理设置示教点,完成装配任务。工业机器人将 1 号工件(凹型工件)和 2 号工件(凸型工件)装配的过程分别如表 9-3 所列。

表 9-3 工业机器人装配过程

序号	示意图	步骤说明
1		工业机器人准备装载吸盘工具

续表 9-3

序号	示意图	步骤说明
2		工业机器人应用吸盘工具示教第一点：工业机器人运行至工件正上方
3		运动到工件处，置位吸盘信号，工业机器人吸取 1 号工件
4		工业机器人将 1 号工件放置装配台，装配台夹紧
5		工业机器人返回抓取 2 号工件

续表 9-3

序 号	示意图	步骤说明
6		工业机器人运行到 1 号工件上方准备装配
7		工业机器人完成转配任务

【任务实施】

本任务的任务书见表 9-4，任务完成报告书见表 9-5。

表 9-4 任务书

任务名称	自动装配单元调试运行				
班级		姓名		组别	
任务目标	① 掌握装配台的元器件组成 ② 掌握装配台的 PLC 控制 I/O 分配 ③ 掌握装配过程中工业机器人的示教过程 ④ 分析工业机器人运行轨迹的合理性				
任务内容	根据实训任务的要求，对工业机器人进行现场示教，使其完成 1 号工件和 2 号工件的抓取的组装，装配误差满足系统要求				
资料		工具		设备	
智能制造技术应用与开发平台操作说明书		电工工具		智能制造技术创新与应用开发平台设备一套	

表9-5 任务完成报告书

任务名称	自动装配单元调试运行				
班级		姓名		组别	
任务内容					

任务二 焊接单元调试运行

【任务描述】

工业机器人把工件转配完成后,需要将整合好的工件应用夹爪工具放置焊接台上,然后工业机器人更换为焊接工具,焊接台自动旋转半周,模拟变位机运行。模拟焊接完成后,工业机器人再更换为夹爪工具,对整体工件进行码垛。本次任务是认识焊接台的组成机模拟变位机的驱动方法。

【知识储备】

一、焊接台组成

焊接台模拟的是变位机运行,工业机器人的焊枪口接触到工件后焊缝后,变位机开始缓慢旋转,带动焊接工件转动,模拟出焊接工序。焊接台的组成主要有焊接台支架、伺服驱动电机、联轴器、三爪气缸、磁性开关等组成。电机选用台达 ASDA-B2 系列伺服电机,电机安装在支架下部,支架平台打孔,电机通过联轴器与三爪气缸的旋转轴相连,三爪气缸跟随电机整体旋转,当物料放置在焊接台上时,三爪气缸收到 PLC 信号将工件夹紧固定,当模拟焊接完毕后,三爪气缸松开,工业机器人将工件夹走。整体焊接台如图 9-8 所示,三爪气缸具体实物图如下图 9-9 所示。

二、伺服系统接线

伺服驱动器的相关知识点在项目五中已详细讲述,在此不再讲解。伺服系统与 PLC 的信号主要有以下几路,具体如表 9-6 所列。详细的 PLC 与伺服驱动系统的接线图请查阅本书附录的附图 7。

图 9-8 焊接台

图 9-9 三爪气缸

表 9-6 伺服系统信号的 I/O 地址分配

Slot1	DI 模块,DO 模块	
Module	6ES7 321,6ES7 322	
地址	元件	功能描述
Q0.0	伺服驱动器 PULSE 端子	伺服脉冲信号
Q0.1	伺服驱动器 PULSE 端子	伺服方向信号
Q0.4	伺服驱动器 ARST 端子	伺服驱动器报警复位
Q1.3	伺服驱动器 SON	伺服使能
Q:3.0	电磁阀	焊接旋转夹爪张开阀
Q:3.1	电磁阀	焊接旋转夹爪缩回阀
I0.5	伺服驱动器 ALRM+	伺服异常报警
I1.3	伺服上电断路器	伺服驱动器上电指示
I:4.0	磁性开关	焊接旋转夹爪张开
I:4.1	磁性开关	焊接旋转夹爪缩回

三、焊接模拟运行过程

应用现场示教编程的方法编写工业机器人的焊接运行程序,当工业机器人将工件放置在工作台上后,机器人返回工具台更换焊枪工具,然后返回焊接台,定位到工件待焊接位置处,给 PLC 返回到位信号,PLC 控制伺服系统运行,伺服电机运转,模拟变位机动作,焊接台旋转180°后,工业机器人抬起焊枪,焊接台返回至 0°位置,模拟焊接完成,工业机器人换取夹爪工具将工件进行码垛等工作。具体动作过程如表 9-7 所列。

表9-7 焊接过程

序 号	示意图	步骤说明
1		工业机器人将装配好的工件搬运至焊接台上方
2		工业机器人将工件精准的放置到三爪之间,然后控制阀得电,气缸控制三爪将工件夹紧
3		工业机器人返回工具条更换焊枪工具

续表 9-7

序号	示意图	步骤说明
4		工业机器人模拟焊接
5		模拟焊接
6		换回夹爪工具,准备将工件从焊接台搬走

续表 9-7

序 号	示意图	步骤说明
7		定位到待夹取位置
8		工业机器人夹爪工具夹紧工件,同时三爪气缸松开工件
9		将工件取出

续表 9-7

序号	示意图	步骤说明
10		将装配、焊接好的工件放至托盘

【任务实施】

本任务的任务书见表 9-8，任务完成报告书见表 9-9。

表 9-8　任务书

任务名称	焊接单元的调试运行				
班级		姓名		组别	
任务目标	① 掌握焊接台的元器件组成 ② 掌握焊接台的 PLC 控制 I/O 分配 ③ 掌握焊接过程中工业机器人的示教过程 ④ 掌握焊接台伺服驱动系统的控制编程				
任务内容	根据实训任务的要求，对工业机器人进行现场示教，使其完成焊接模拟动作				
资料		工具		设备	
智能制造技术应用与开发平台操作说明书		电工工具		智能制造技术创新与应用开发平台设备一套	

表 9-9　任务完成报告书

任务名称	焊接单元的调试运行				
班级		姓名		组别	
任务内容					

【项目评价】

本项目学生自评表见表 9-10,学生互评表见表 9-11,教师评价表见表 9-12。

表 9-10 学生自评表

项目九 装配与焊接单元应用			
班级	姓名	学号	组别
评价项目	评价内容		评价结果
专业能力	能够掌握装配单元的组成		
	能够进行工业机器人装配示教		
	能够掌握焊接单元的组成		
	能够进行焊接模拟示教		
方法能力	能够遵守电气安全操作规程		
	能够查阅 PLC、伺服驱动器、机器人等相关手册		
	能够正确使用选择使用工具		
	能够对自己学习情况进行总结		
社会能力	能够积极与小组内同学交流讨论		
	能够正确理解小组任务分工		
	能够主动帮助他人		
	能够正确认识自己错误并改正		
自我评价与反思			

表 9-11 学生互评表

项目九 装配与焊接单元应用			
被评价人	班级	姓名	学号	组别
评价人			
评价项目	评价内容		评价结果
专业能力	能够合理的选择工业机器人示教点		
	能够进行工业机器人的示教编程		
	能够操作装配运行、模拟焊接运行		
方法能力	遵守电气安全操作规程情况		
	查阅 PLC、机器人相关手册情况		
	使用工具情况		
	对任务完成总结情况		

续表 9-11

社会能力	团队合作能力	
	交流沟通能力	
	乐于助人情况	
	学习态度情况	
综合评价		

表 9-12　教师评价表

项目九　装配与焊接单元应用				
被评价人	班级	姓名	学号	组别
评价项目	评价内容		评价结果	
专业知识掌握情况	充分理解项目的要求及目标			
	装配单元的组成			
	焊接单元的组成			
任务实操及方法掌握情况	安全操作规程掌握情况			
	能够进行装配任务的示教操作			
	能够进行焊接任务的示教操作			
	能够调试焊接台伺服系统运行			
	任务完成总结情况			
社会能力培养情况	积极参与小组讨论			
	主动帮助他人			
	善于表达及总结发言			
	认识错误并改正			
综合评价				

附录 智能制造技术创新与应用开发平台电气设计原理图

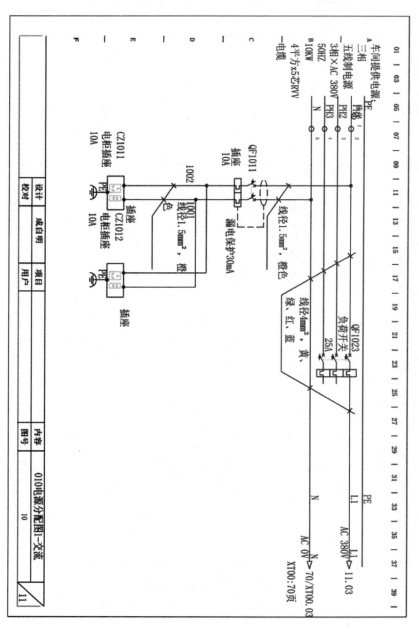

附图1 交流电源分配图(1)

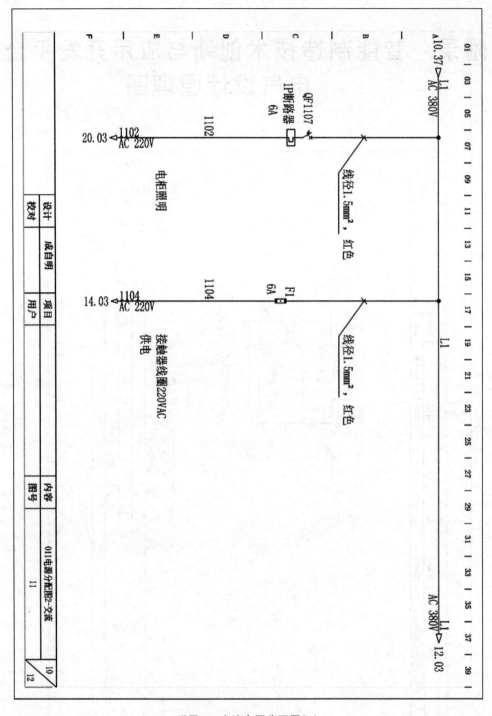

附图2 交流电源分配图(2)

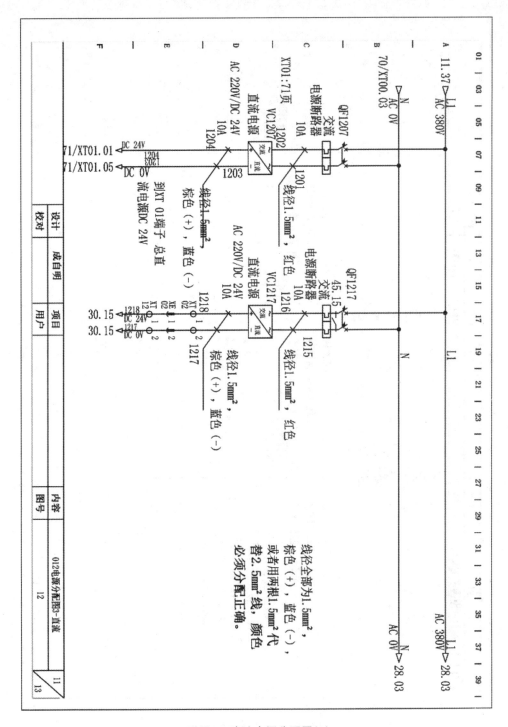

附图3　直流电源分配图(1)

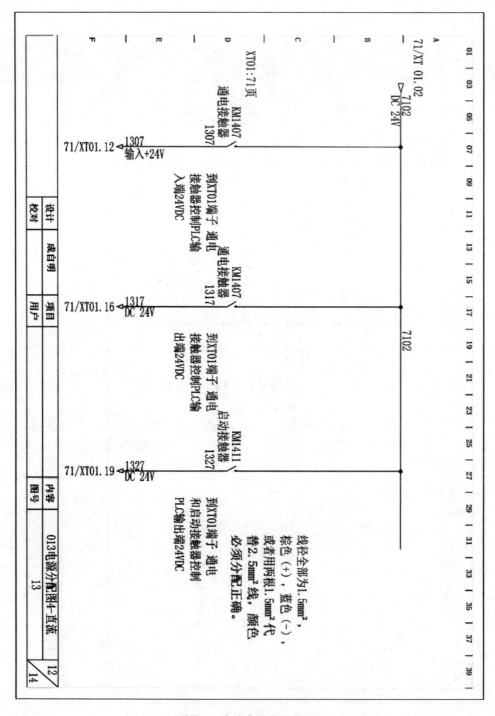

附图4　直流电源分配图(2)

附录　智能制造技术创新与应用开发平台电气设计原理图

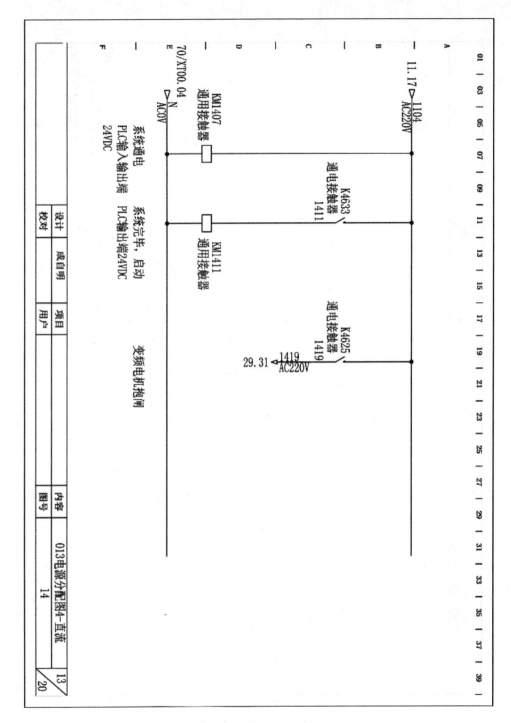

附图 5　直流电源分配图(3)

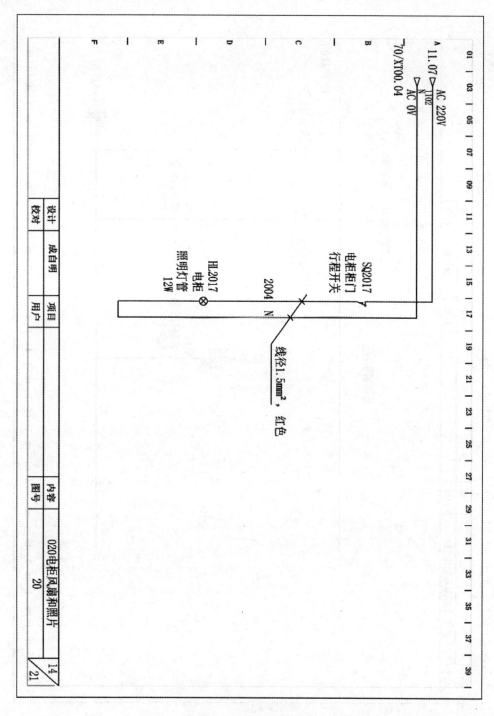

附图6　电柜风扇配电图

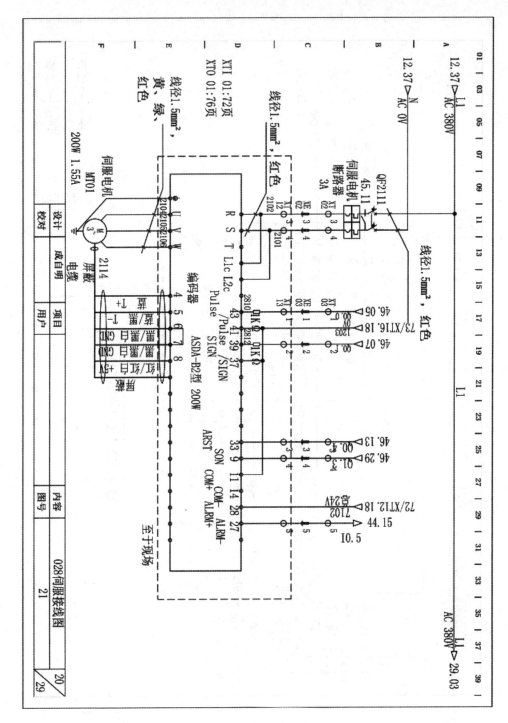

附图7 伺服系统接线图

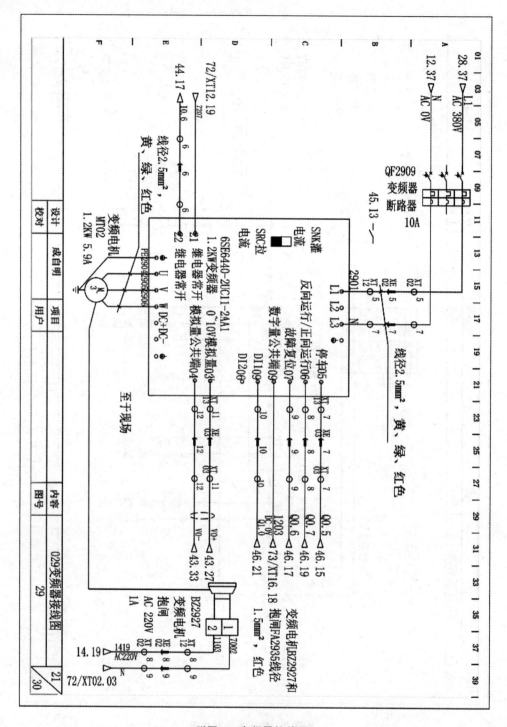

附图 8 变频器接线图

附录　智能制造技术创新与应用开发平台电气设计原理图

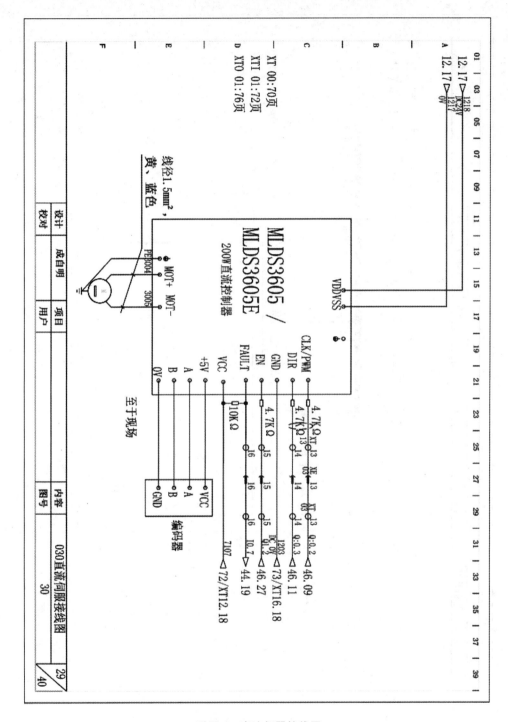

附图 9　直流伺服接线图

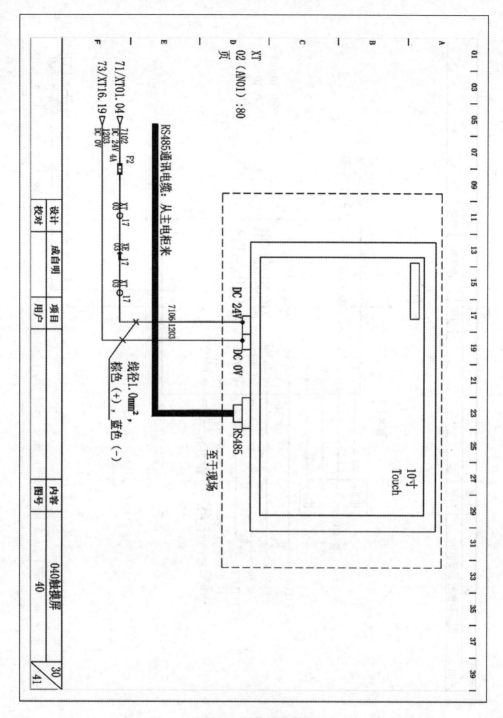

附图 10 触摸屏接线图

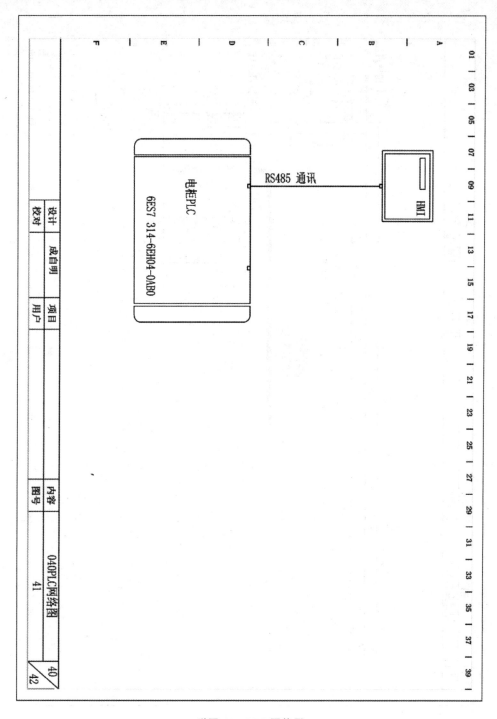

附图 11　PLC 网络图

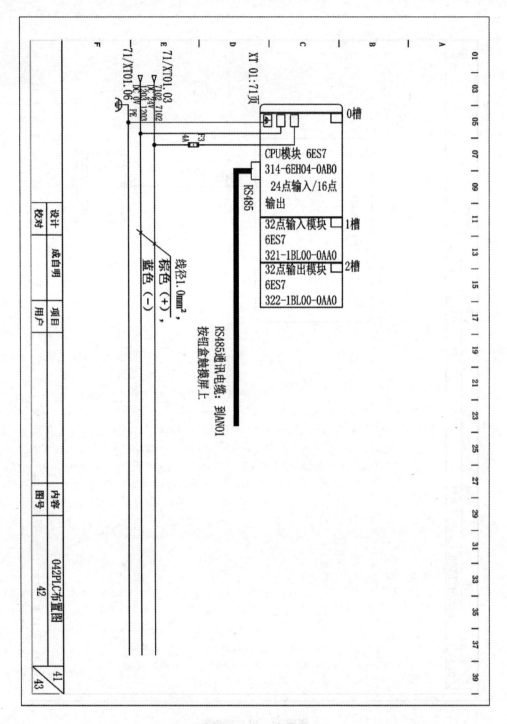

附图 12　PLC 布置图

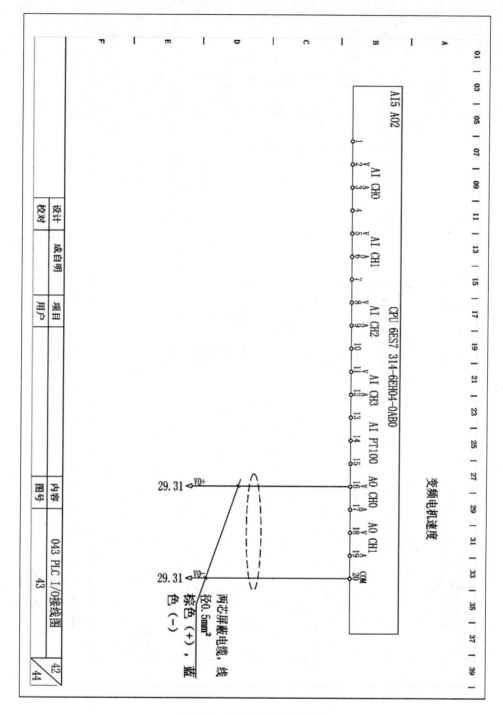

附图 13　PLC I/O 接线图(1)

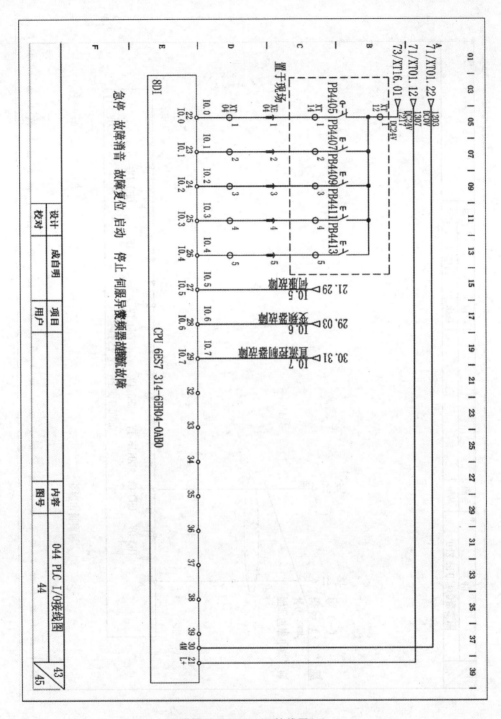

附图 14　PLC I/O 接线图(2)

附录 智能制造技术创新与应用开发平台电气设计原理图

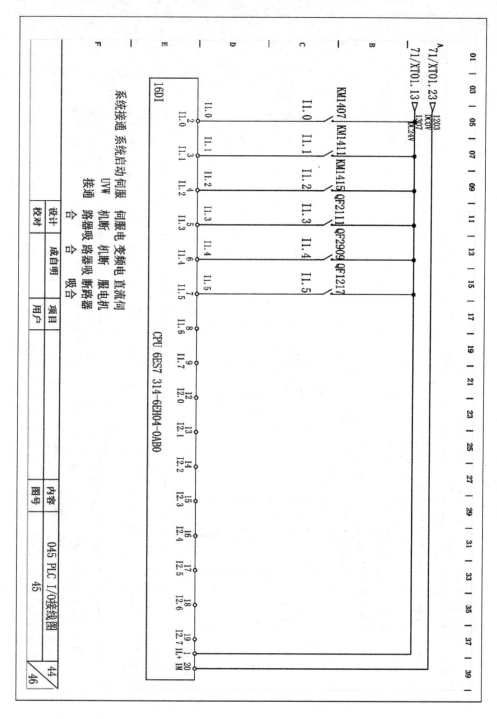

附图 15　PLC I/O 接线图(3)

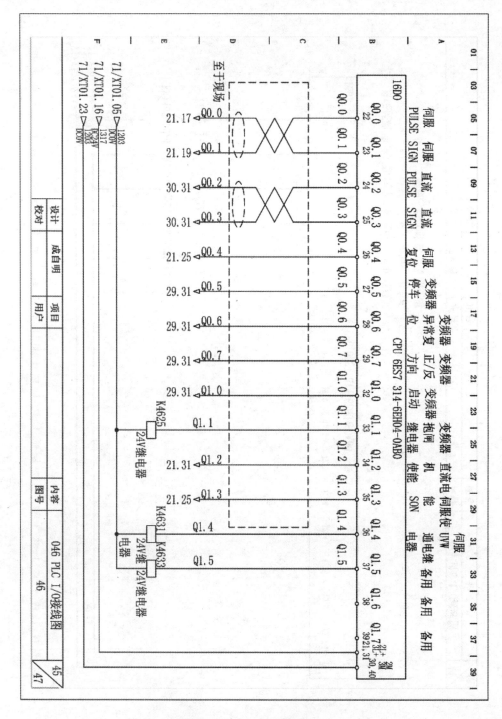

附图16 PLC I/O 接线图(4)

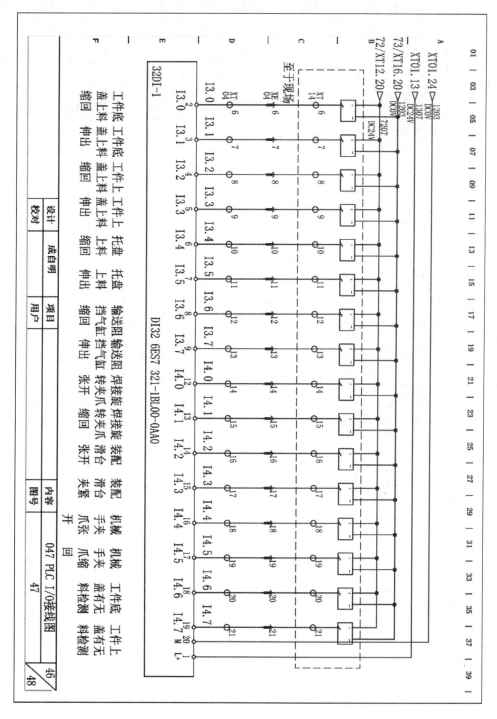

附图17 PLC I/O 接线图(5)

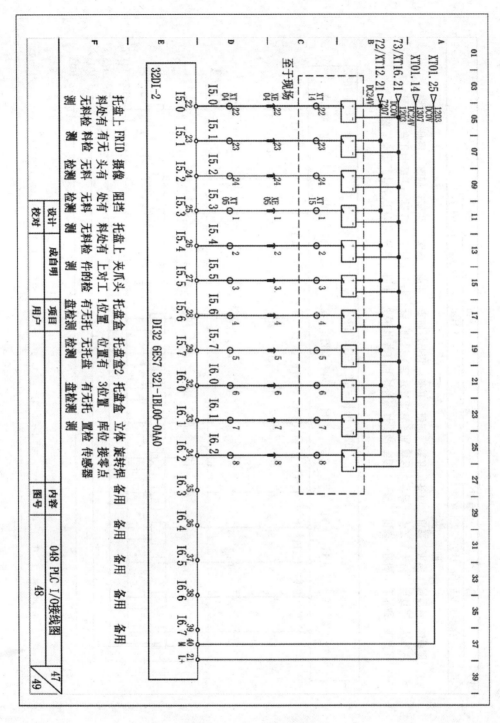

附图 18　PLC I/O 接线图(6)

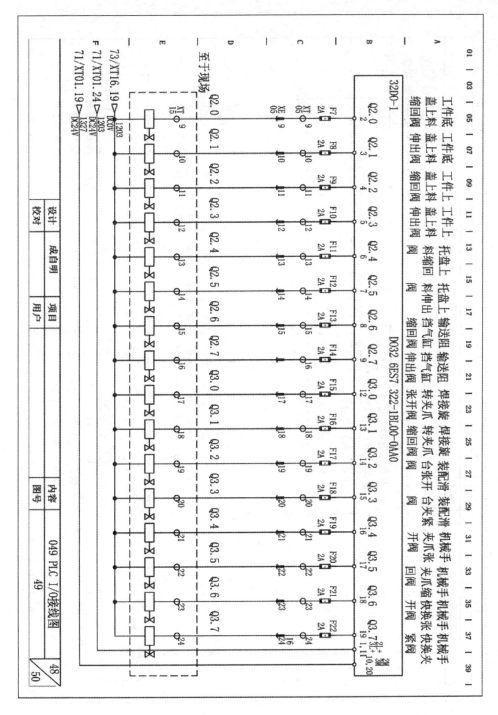

附图 19　PLC I/O 接线图(7)

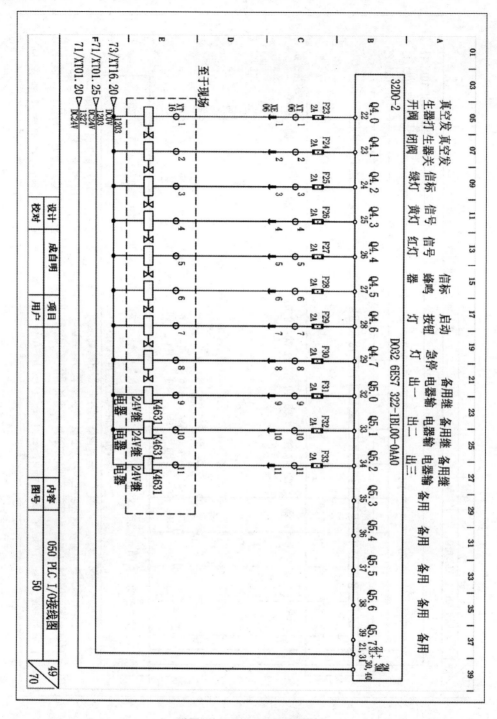

附图20 PLC I/O 接线图(8)

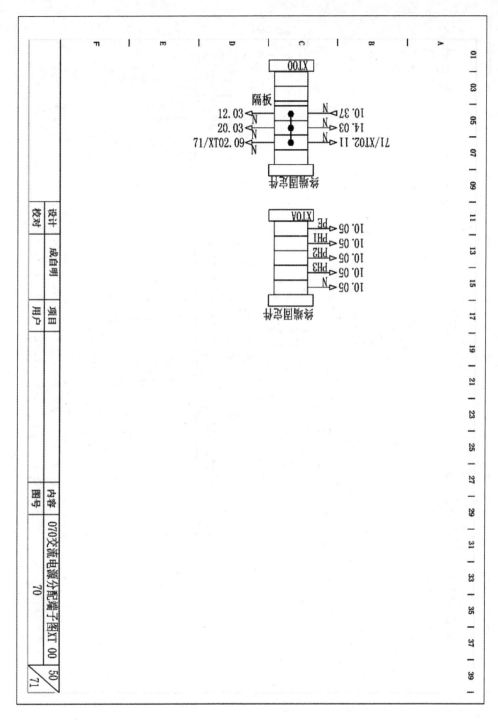

附图 21　交流电源分配端子图(1)

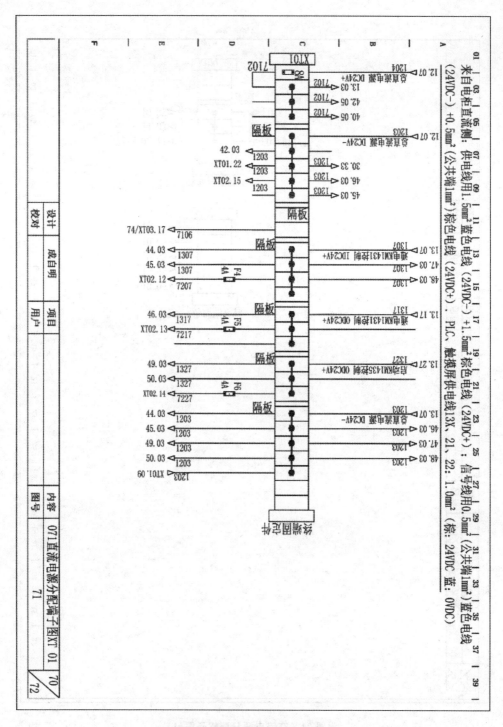

附图 22　直流电源分配端子图(1)

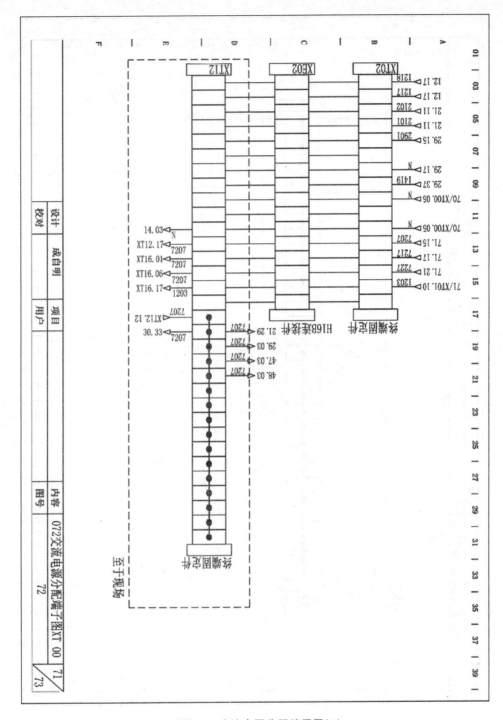

附图23 交流电源分配端子图(2)

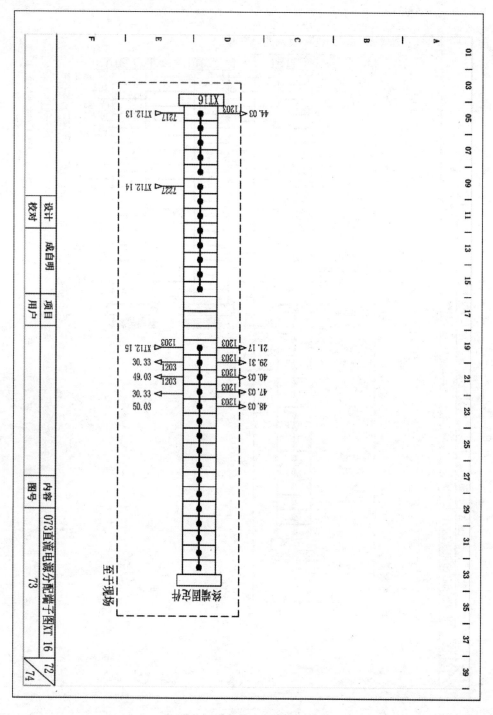

附图24 直流电源分配端子图(2)

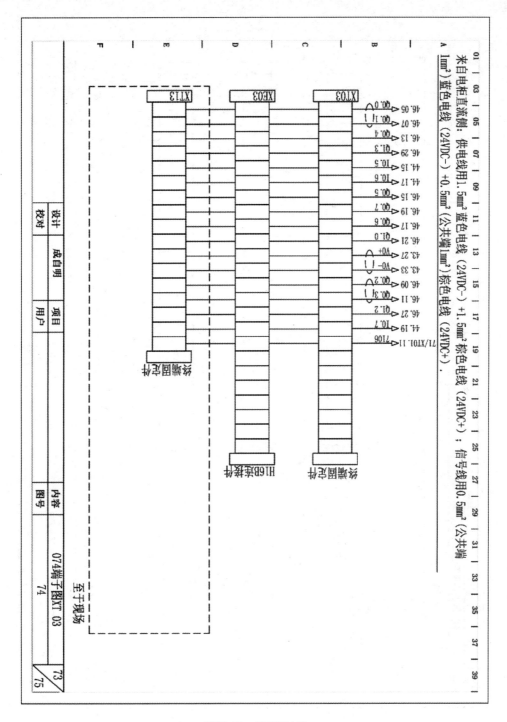

附图 25　端子图(1)

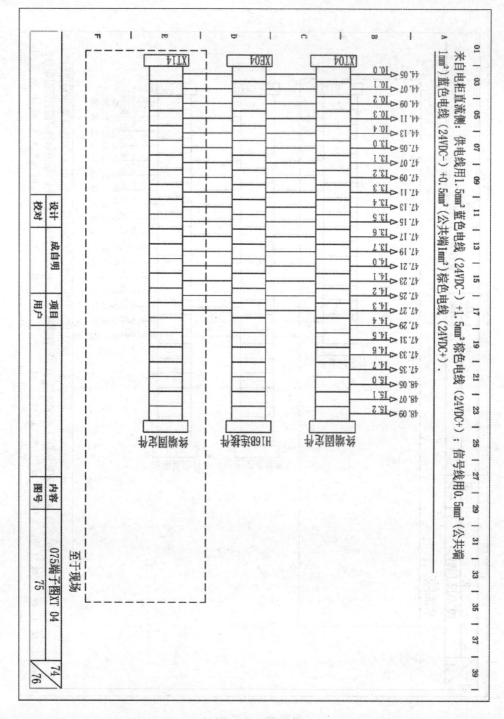

附图26　端子图(2)

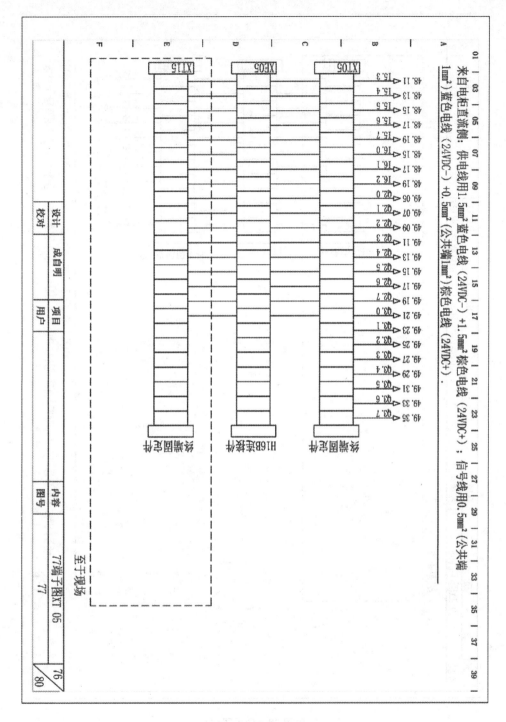

附图 27 端子图(3)

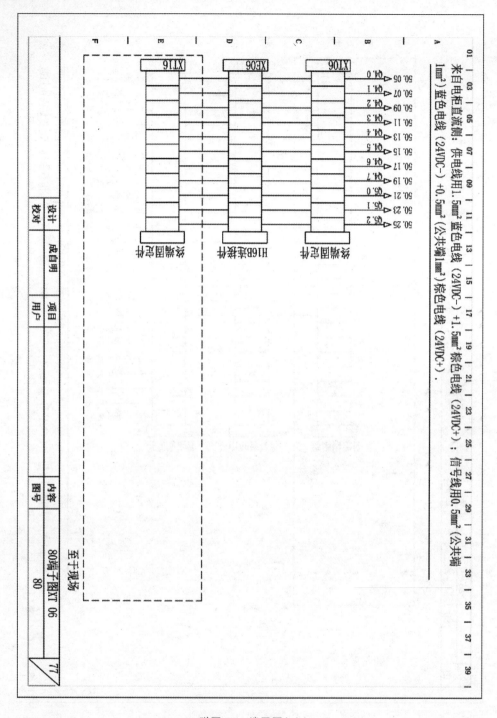

附图 28 端子图(4)